I0815669

# EINSTEIN

## PARA LA VIDA DIARIA

PAIDÓS®

Desarrollo editorial: Anónima Content Studio /
María Elena Pease Dreibelbis (edición), María José Fermi Blanco (redacción)
Asesoría especializada: Lucía X. Coll Saravia
Cuidado editorial: Equipo Editorial Anónima Content Studio
Diseño de interiores, portada y fotoarte: Lyda Sophia Naussán
Diagramación: Nicolle Cuéllar Betancourt
Foto interior: Fred Stein Archive/Getty Images


Bajo el sello editorial PAIDÓS M.R.
Avenida Presidente Masarik núm. 111,
Piso 2, Polanco V Sección, Miguel Hidalgo
C.P. 11560, Ciudad de México
www.planetadelibros.com.mx
www.paidos.com.mx

Primera edición en formato epub: octubre de 2024
ISBN: 978-607-569-816-8

Primera edición impresa en México: octubre de 2024
ISBN: 978-607-569-811-3



Impreso en los talleres de Litográfica Ingramex, S.A. de C.V.
Centeno núm. 162-1, colonia Granjas Esmeralda, Ciudad de México
Impreso y hecho en México – *Printed and made in Mexico*

**«HACE UN SIGLO, ALBERT EINSTEIN REVOLUCIONÓ NUESTRA COMPRENSIÓN DEL ESPACIO, EL TIEMPO, LA ENERGÍA Y LA MATERIA [...]** Cuando pienso en ingenio, Einstein me viene a la mente. ¿De dónde surgieron sus ingeniosas ideas? Una mezcla de cualidades, tal vez: intuición, originalidad, brillantez. Einstein tuvo la capacidad de mirar más allá de la superficie para revelar la estructura subyacente. No se dejaba intimidar por el sentido común, la idea de que las cosas deben ser como parecen. Tuvo el coraje de perseguir ideas que a otros les parecían absurdas; y esto lo liberó para ser así, un genio de su tiempo y de todos los demás».

Stephen Hawking

# CONTENIDO

# INTRODUCCIÓN

Albert Einstein pasó gran parte de su vida explorando los conceptos del espacio y el tiempo. Mientras se esforzó por conocerlos, intentar descifrarlos y entenderlos, logró lo que solo unos pocos han podido: trascenderlos. Y es que hoy, casi ciento veinte años después de la publicación de su teoría de la relatividad, su figura sigue tan vigente como en el siglo pasado.

A través de sus teorías revolucionó la física, pero también capturó la imaginación del ciudadano común. En una época donde la ciencia era vista como un campo inaccesible, Einstein logró que millones de personas se interesaran por los misterios del cosmos. ¿Qué hay ahí afuera? ¿Cómo funciona nuestra realidad? ¿Cuál es el orden detrás de todas las cosas? No era necesario ser físico o astrónomo para querer conocer más sobre el universo. Se hablaba de la teoría de la relatividad tanto en las convenciones científicas como en la sobremesa del almuerzo, se discutía al respecto lo mismo en las salas del parlamento que en la fila del mercado.

Su magnetismo lo convirtió en un *rockstar* antes de que existieran los *rockstars*. Aun sin internet ni redes sociales, y coincidiendo únicamente con los primeros años de la televisión, el nombre y la imagen de Einstein se hicieron reconocibles desde Argentina hasta China sin respetar fronteras, idiomas o religiones. Su cabellera alborotada y una lengua descarada al aire libre mantienen hoy el estatus de icónicos.

Pero Einstein fue y es mucho más que sus teorías. Aunque pensaba y teorizaba sobre las estrellas, tuvo los pies bien puestos en la tierra. Experimentó la tragedia y la esperanza de la Primera Guerra Mundial, el Holocausto, la Segunda Guerra Mundial y el conflicto atómico desde ambos lados del Atlántico. Como judío, fue testigo de la persecución y el genocidio, y como físico, fue parte de la comunidad científica que tuvo que enfrentar los desafíos morales del uso de la energía atómica. Estos eventos no solo influyeron en su trabajo científico, sino también en sus posturas y opiniones.

Cuando, al inicio de la Primera Guerra Mundial, la abrumadora mayoría de sus colegas apoyó públicamente a Alemania, Einstein se negó a firmar el manifiesto de respaldo. Cuando los judíos empezaron a ser víctimas de persecuciones sistemáticas, alzó la voz en su defensa; y cuando Hitler llegó al poder denunció sin tapujos cómo estaban siendo vulneradas las libertades fundamentales. Forzado a migrar a Estados Unidos, tampoco se escondió entre los libros: denunció la discriminación que padecían los ciudadanos afroamericanos. Luego, con el conflicto nuclear en marcha, puso sobre la mesa el debate de las responsabilidades éticas tanto de políticos como de científicos. También denunció el militarismo, el nacionalismo, el armamentismo y criticó la educación memorística y sistemática. Todo mientras seguía (re)pensando el universo con curiosidad, imaginación y rebeldía.

En las siguientes páginas, exploramos parte de las reflexiones de Einstein sobre estos y otros temas. Muchos de ellos no solo siguen vigentes, sino que forman parte de nuestra vida diaria. ¿Quién no ha escuchado que es necesario desarrollar el pensamiento creativo y la adaptabilidad para mantenerse a la vanguardia en estos tiempos de cambio? ¿Fue Einstein, con su postura educativa, un visionario de la gestión del talento?

Ni qué decir de sus reflexiones sobre el significado de la fama, el éxito y el dinero. Hoy, invadidos por las redes sociales y el mundo digital, consumimos contenido tratado de forma muy cuidadosa que nos traslada a una realidad sacada de un laberinto de espejos donde los reflejos nos devuelven imágenes distorsionadas y engañosas.

Así pues, las circunstancias son distintas, pero los desafíos sobre los que hablaba Einstein se mantienen. Podemos decir que cambió la forma, pero no el fondo. ¿De verdad cambiamos de siglo? En este guion, una adaptación de la vida real, las reflexiones del físico son, una vez más, faros que permiten dilucidar el paisaje entre la neblina. No todos seremos Einstein, pero podemos contagiarnos de él. Al fin y al cabo, la verdadera genialidad no se encuentra en cuántas teorías de física podemos desarrollar, sino en nuestra humanidad y la capacidad de ver más allá de lo evidente.

# ALBERT EINSTEIN

**ULM, 1879-NUEVA JERSEY, 1955**
**FÍSICO TEÓRICO QUE RECIBIÓ EL PREMIO NOBEL DE FÍSICA EN 1921 POR SUS INVESTIGACIONES SOBRE EL EFECTO FOTOELÉCTRICO, CRUCIAL PARA EL POSTERIOR DESARROLLO DE LA MECÁNICA CUÁNTICA.**

# BIOGRAFÍA

Albert Einstein nació el 14 de marzo de 1879 en la ciudad alemana de Ulm, a orillas del río Danubio. Aunque sus padres, Hermann Einstein y Pauline Koch eran de origen judío, ninguno era religioso ni practicaba las costumbres judías, de hecho buscaban integrarse a la sociedad lo más posible dado el ya existente antisemitismo de la época; incluso desistieron de llamar a su primer hijo Abraham, como su abuelo paterno, pues les sonaba «demasiado judío». Los Einstein decidieron conservar la letra inicial del nombre y llamarlo Albert.

Cuando Albert tenía 1 año, la familia se mudó a Múnich, donde su padre fundó junto con su hermano, Jakob, una empresa de suministro eléctrico y de gas que tuvo bastante éxito. En 1881 nació María, la segunda hija del matrimonio. Con los años, Maja —como la solían llamar— se convertiría en la mejor amiga de Albert.

El éxito del negocio familiar permitió que los Einstein se mudaran a una cómoda casa en un barrio residencial de la ciudad. Era común recibir visitas de los primos y amigos de la familia durante los fines de semana, pero Albert participaba poco o nada de los juegos infantiles en el jardín; prefería armar rompecabezas, levantar castillos de naipes o construir estructuras con bloques.

A los 6 años, ingresó a la escuela y también empezó sus clases de violín, pasión que lo acompañaría el resto de su vida. A los 10, consiguió una plaza en el Instituto Luitpold, un colegio de renombre en Múnich. Albert, sin embargo, detestó sus días ahí: rechazaba la rigidez de la enseñanza y su espíritu autoritario y jerárquico. También mostraba una aversión por todo aquello vinculado al ámbito militar. A diferencia de los chicos de su edad, no disfrutaba ver a los soldados desfilar ni soñaba con hacer el servicio militar.

Su rebeldía comenzó a traerle problemas con los profesores del instituto y fue allí donde, tal vez, nació el falso mito del alumno mediocre. El joven —aunque poco hábil para los idiomas— destacó ampliamente en los estudios, sobre todo en Matemáticas y Física. Antes de los 15 años ya dominaba el cálculo diferencial y el cálculo integral.

Su curiosidad científica se había despertado poco tiempo antes. Cuando tenía 12 años, su tío Jakob le regaló un libro de geometría que logró resolver de principio a fin. Descubrir que existían certezas incuestionables le causó una gran impresión. Durante aquella época, también se acercó a los libros de divulgación científica gracias a un estudiante de medicina de origen judío que sus padres acogían una vez a la semana para cenar. Max Talmud se convirtió en una especie de tutor personal que le presentó a grandes pensadores como Immanuel Kant y David Hume.

Cuando el negocio de los hermanos Hermann y Jakob quebró, los Einstein decidieron trasladarse a Pavía, en Italia. Todos se mudaron menos Albert, quien se quedó en Múnich para terminar la secundaria. Solo y descontento en la escuela, no lo soportó. A los pocos meses abandonó el instituto y viajó para reunirse con su familia. Esto supuso la pérdida de su nacionalidad alemana, ya que no completó el servicio militar obligatorio.

Einstein ya tenía decidido convertirse en físico y se postuló para la Escuela Politécnica de Zúrich. No aprobó el examen de ingreso; las preguntas de Lengua y Botánica le jugaron una mala pasada. Tampoco cumplía con el requisito de ser mayor de edad; tenía apenas 16 años y medio. Sin embargo, impresionados por sus dotes para los números, las autoridades del Poli —como se llamaba de forma coloquial al centro de estudios— le recomendaron terminar la secundaria en la Escuela

Cantonal de Aarau, en la ciudad del mismo nombre. Albert siguió el consejo y quedó gratamente sorprendido al descubrir que el estilo de enseñanza era por completo distinto al alemán, pues se priorizaban el pensamiento crítico y el análisis ante la memorización.

Graduado en 1896, ingresó a la sección del Poli especializada en formar futuros profesores de Física y Matemáticas; allí forjó algunas de las relaciones más importantes de su vida. Entabló una gran amistad con su compañero, Marcel Grossmann y conoció a la que sería su primera esposa, Mileva Maric. La joven serbia era tres años mayor que él y la única mujer en su clase. Albert se sintió atraído por su capacidad intelectual y su independencia; comenzaron una relación a pesar de la oposición de los padres del joven.

En el Poli, Einstein tampoco corrigió su reputación de alumno problemático. Asistía de manera irregular a clases y cuestionaba los métodos de sus profesores, a veces rozando la impertinencia. Frecuentaba cafés, fumaba pipa y asistía a veladas musicales. Eso sí, disfrutaba enormemente de las discusiones intelectuales. En uno de aquellos eventos conoció al ingeniero Michele Besso, exalumno del Poli, quien se convertiría en uno de sus más íntimos amigos.

Tras graduarse, en 1900, buscó trabajo como profesor auxiliar para dar inicio a su carrera académica, pero no lo consiguió. Su mala reputación generó que sus profesores no lo tomaran en cuenta para sumarlo a sus cátedras. Albert pasó dos años buscando trabajo al tiempo que sobrevivía dando clases particulares y realizando sustituciones. Mientras tanto, Maric, quedó embarazada y viajó al sur de Hungría para estar con su familia. Los padres de Albert seguían oponiéndose a la relación y el físico, sin un empleo estable, no asumió el compromiso.

A principios de 1902, Maric dio a luz a una niña llamada Lieserl; sin embargo, se cree que la bebé falleció por un ataque de escarlatina en 1903 o que fue dada en adopción. La existencia de Lieserl no se conoció hasta 1980 tras la publicación de la correspondencia privada entre Albert y Mileva.

Mientras tanto, en Suiza, gracias a la intercesión del padre de su amigo Grossmann, Einstein consiguió un puesto como experto técnico de tercera clase en la Oficina de Patentes de Berna. Allí, Albert, además de cumplir con sus labores, empezó a trabajar en sus investigaciones de física teórica.

Cuando Hermann Einstein cayó enfermo, bendijo la relación entre Albert y Mileva antes de morir. Los jóvenes se casaron el 6 de enero de 1903. El matrimonio tuvo dos hijos: Hans Albert —nacido en 1904, fue ingeniero y migró a Estados Unidos— y Eduard —que nació en 1910, y con un diagnóstico de esquizofrenia fue internado en un centro psiquiátrico—.

Tras dos años en Berna, en 1905, llegó el periodo científico más fructífero de Einstein: su *annus mirabilis*, expresión latina que significa «año de los milagros» o «año maravilloso». El físico, entre otros ensayos, publicó cuatro trabajos de gran relevancia para la ciencia.

El primero, relacionado con el efecto fotoeléctrico, planteó que la luz está compuesta de fotones (cuantos de luz) y explicó cómo estos pueden liberar electrones de un material. Este trabajo le valió el Premio Nobel de Física en 1921 y fue crucial para el posterior desarrollo de la mecánica cuántica.

El segundo trabajo se refirió al movimiento browniano. Al explicar teóricamente el movimiento aleatorio de partículas en un fluido, confirmó la existencia de átomos y moléculas.

El tercer documento introdujo la teoría de la relatividad especial y revolucionó las nociones de espacio y tiempo. Einstein postuló que las leyes de la Física se mantienen en todos los marcos de referencia inerciales y que la velocidad de la luz es constante en el vacío.

Finalmente, en su cuarto trabajo —una continuación del anterior— el físico ideó la fórmula más conocida de la historia: $E = mc^2$. Esta establece la equivalencia entre masa y energía, y sentó las bases teóricas para la futura exploración de la energía nuclear.

En un principio, la publicación de estos trabajos en la revista *Annalen der Physik* no fue acogida por la comunidad científica. Einstein no pertenecía al mundo académico y sus obras pasaron algo desapercibidas. Cabe considerar que aún no existía el internet y que los ritmos de revisión y comentarios a las publicaciones de esa época tomaban tiempo. Gracias al apoyo del físico Max Planck, creador de la teoría cuántica, las publicaciones cobraron —poco a poco— mayor interés y se sumaron a debates; Einstein fue invitado a presentar sus ideas en conferencias, encuentros y congresos internacionales, y su reputación comenzó a crecer. En 1909, dejó la Oficina de Patentes y pasó los siguientes años como profesor en distintas universidades en Zúrich, Praga y Berlín. Fue en esta última ciudad donde se reencontró con su prima, Elsa Löwenthal, a quien había conocido de niño. El matrimonio entre Albert y Mileva ya llevaba tiempo en crisis y entre los primos surgió una relación romántica. A raíz de esto, Mileva y los niños dejaron Berlín y volvieron a Zúrich. El físico le pidió el divorcio, pero Maric se negó. Finalmente, este se concretaría en 1919. Ese mismo año, Albert se casó con Elsa y adoptó a sus dos hijas, Margot e Ilse.

En 1916 dio otro gran salto en el mundo de la ciencia: tras diez años de investigación, publicó su teoría general de la relatividad, un compendio de todo su trabajo en este tema. Esta causó un gran revuelo en la comunidad científica, pues reformuló por completo cómo se comprendía la gravedad. Einstein planteó una nueva forma de entender el universo.

Tres años después, en mayo de 1919, el astrónomo británico Arthur Eddington comprobó las teorías de Einstein al evidenciar la curvatura de la luz durante un eclipse solar. Hasta entonces, el físico era popular dentro de la comunidad científica, pero desde ese momento se convirtió en una figura de talla mundial. Incluso las personas que no se interesaban por la física reconocían su nombre. Recibió invitaciones de todas partes del mundo y realizó giras por Europa, Norteamérica, Sudamérica y Asia. En 1921, obtuvo el Premio Nobel de Física; sin embargo, no lo ganó por esta teoría, sino por sus investigaciones sobre el efecto fotoeléctrico.

Mientras tanto, el antisemitismo se hacía cada vez más fuerte en Alemania. A pesar de no ser judío practicante, Einstein y su trabajo eran atacados. El científico se acercó al sionismo, abogó por la formación del estado de Israel y abrazó causas pacifistas. En 1933, cuando los nazis llegaron al poder, se encontraba en California. Al volver a Europa, renunció a la nacionalidad alemana por segunda vez, ya que, en 1913, al ser nombrado integrante de la Academia de Ciencias de Prusia, la había vuelto a adquirir. Einstein se mudó de Berlín a Bélgica y, tras unos meses, partió a Estados Unidos como profesor del Instituto de Estudios Avanzados de Princeton.

Desde allí se opuso abiertamente a Hitler y al nazismo. En 1939 firmó una carta dirigida al presidente Franklin D. Roosevelt que alertaba sobre la posibilidad de que Alemania elaborara armas nucleares. Su misiva contribuyó al nacimiento del Proyecto Manhattan, el programa que desarrolló las primeras bombas atómicas. Tras los bombardeos de Hiroshima y Nagasaki, se convirtió en activista por el desarme nuclear.

Durante los veinte años que vivió en Princeton, trabajó en lograr una teoría unificada de los campos gravitacional y electromagnético; buscaba una sola gran teoría del universo. No pudo concluirla.

El 18 de abril de 1955 murió a causa de la ruptura de un aneurisma abdominal en el Hospital de Princeton, Nueva Jersey. Tenía 76 años. La vida de quien logró descifrar algunos de los secretos más profundos del universo se apagó, pero hoy —casi setenta años después— sus investigaciones son el fundamento del avance científico y tecnológico del mundo.

# 01

# LECCIONES

**«NO TENGO TALENTOS ESPECIALES, SOLO SOY APASIONADAMENTE CURIOSO».**

# CURIOSIDAD POR EL MUNDO

## LECCIÓN 1

Cuando Einstein era apenas un chiquillo de 4 o 5 años vivió un episodio que lo marcó para siempre. Obligado a guardar reposo por una enfermedad, su padre le regaló una brújula para que se entretuviera mientras estaba en cama. Esa caprichosa aguja magnética que siempre señalaba el norte lo cautivó. No importaba cuántas veces la moviera o qué artimañas inventara para tratar de engañarla, la aguja no vacilaba y, firme, cumplía su cometido.

Albert no salía de su asombro. ¿Qué había detrás de esta «magia»? ¿Qué fuerzas se escondían en el mundo que eran capaces de mover algo sin tocarlo de alguna manera? Esa experiencia le causó una impresión profunda y duradera que recordaría, más de sesenta años después, al escribir sus notas autobiográficas. Acostado en esa cama, su fascinación por analizar y encontrar el porqué de las cosas despertaba una curiosidad que lo acompañaría toda su vida.

No se trataba solo de una forma de mirar su entorno, sino de experimentar el mundo de forma decidida. Donde solo se veía una aguja que señalaba el norte, Einstein observaba campos magnéticos ejerciendo fuerza. Ante un terrón de azúcar disolviéndose en una taza de té, él detectaba un fenómeno de la física. De hecho, esta observación particular sería el puntapié inicial que motivó el análisis del movimiento de partículas diminutas suspendidas en agua que publicaría en 1905. El resultado probaría la existencia de átomos y moléculas, algo que los físicos de la época aún ponían en tela de juicio. Años antes, a los 16, otra de sus preguntas persistentes giraba en torno a cómo se vería una onda de luz si uno corriera junto a ella a la misma velocidad. Esta reflexión plantó la semilla de la futura *teoría de la relatividad especial*, análisis que concluiría una década después.

Lo que para muchos eran hechos mundanos y sin importancia, bajo la mirada de Einstein se convertían en misterios por resolver. Por algo, el físico consideraba que la ciencia no era más que un «refinamiento del pensamiento cotidiano». Su única máxima indiscutible era no dejar de hacer preguntas; la capacidad para reflexionar y mirar a su alrededor con genuina curiosidad fue lo que siempre defendió.

La curiosidad va de la mano de la creatividad. Era experto en darle vueltas a las cosas y pensar fuera de los límites y las normas previamente establecidas; le encantaba retarlas y mirarlas desde distintas perspectivas. Esta capacidad era poco común y reconocida por otros científicos. Cuando, en 1911, el renombrado científico Henri Poincaré redactó un informe en el cual analizaba la posibilidad de que Einstein ingresara a enseñar en la Escuela Politécnica de Praga, lo describió como uno de los pensadores más originales que había conocido en su vida. Poincaré resaltó que cuando Einstein se enfrentaba a un problema de física, era capaz de vislumbrar todas sus posibilidades y buscar respuestas en todas las direcciones. No solo se trataba de una cualidad fundamental para la investigación, sino una oportunidad de aprendizaje para futuros científicos.

Si una brújula estimuló su curiosidad y motivó sus preguntas por las fuerzas del planeta, podríamos imaginar que, ya como investigador, el estudio de Einstein sería un laboratorio lleno de instrumentos y artefactos para realizar osados experimentos. En el ático de su departamento de Berlín —convertido en despacho— no había más que algunos libros, un escritorio y las fotografías de Newton, Maxwell y Faraday. Ni un laboratorio especializado ni grandes bibliotecas, su cabeza era su único instrumento.

Sucede que, en efecto, el científico siempre enfatizó que una de las habilidades más importantes que una persona podía poseer era la capacidad de pensar de manera crítica, más que la destreza de memorizar el contenido de todas las enciclopedias existentes. La capacidad de imaginar es la que nos permite pensar en las múltiples posibilidades ante las preguntas sobre el mundo. «La imaginación es más importante que el conocimiento. El conocimiento es limitado; la imaginación engloba al mundo».

Einstein buscaba inspiración en el mundo mismo, amaba los paseos por la naturaleza y, sobre todo, navegar. Tuvo botes de vela tanto en su casa de veraneo, en Alemania, como en Estados Unidos. Se negaba a que sus embarcaciones fueran de motor, así que dependía 100 % del viento; si este dejaba de soplar, el físico no se complicaba, sacaba papel y lápiz y se sentaba a observar y pensar. En cuanto volvía el viento, continuaba la navegación. Había algo en el contacto con el agua, el sol y el viento que lo inspiraba: la inmensidad del paisaje y la complejísima simpleza de la naturaleza creaban un ambiente propicio para relajarse e incentivar su mente y espíritu de una manera diferente a la cotidiana.

Preguntarse por el mundo que nos rodea era esencial para Einstein, pero no entendía la curiosidad solo como la búsqueda de respuestas a los problemas del planeta o al modo de funcionamiento de las cosas. Para él, conocer y entender cada vez más estaba íntimamente relacionado con la esencia del ser humano. «Lo más hermoso que podemos experimentar es el misterio», escribió en su ensayo *El mundo tal como lo veo*, «es la fuente de todo arte y toda ciencia de verdad. Aquel para quien esta emoción es desconocida, aquel que ya es incapaz de detenerse para maravillarse y sentirse transportado por un sentimiento reverente, vale tanto como un muerto: sus ojos están cerrados».

El científico pensaba que lo relevante para el espíritu es conservar nuestra capacidad de asombro a lo largo de la vida; pero la curiosidad, la capacidad de imaginación y el asombro requieren persistencia y acción. Probar, ensayar, equivocarse, volver a probar, es un compromiso con el reto entre manos, con la pregunta que no nos dejará tranquilos hasta que se resuelva. Si la motivación no se conecta con la acción, no hay logro posible.

Durante sus últimos años, precisamente, esa curiosidad lo ayudaría a mantenerse conectado con su experiencia vital. La vejez no llegaba a esparcirse hasta su mente. El secreto de la juventud radica en esa permanente curiosidad frente al misterio del mundo y el universo. A los 63 años, Einstein seguía sintiéndose como un niño curioso y continuó con sus preguntas y reflexiones hasta el último de sus días.

Su vida fue ejemplo de que, a través de la curiosidad, el aprendizaje es continuo. Si el físico que rompió un sinfín de paradigmas de la ciencia moderna y se consagró como uno de los pensadores más agudos de la humanidad pudo seguir sorprendiéndose de los misterios del universo hasta el día su muerte, ¿por qué no podríamos mantener nosotros, «simples mortales», un deseo constante por aprender y saber más sobre todo aquello que nos rodea?

**«EL DON DE LA IMAGINACIÓN HA SIGNIFICADO MÁS PARA MÍ QUE MI TALENTO PARA ABSORBER CONOCIMIENTO ABSOLUTO».**

E = mc²

**«LA OBEDIENCIA CIEGA A LA AUTORIDAD ES EL MAYOR ENEMIGO DE LA VERDAD».**

# LARGA VIDA AL DESACATO

## LECCIÓN 2

Si algo caracterizó a Albert Einstein desde la niñez, más allá de una gran mente científica, fue su irreverencia. Esta actitud atrevida lo acompañó durante su larga carrera, unas veces como un obstáculo y, otras, como un puente que lo llevó a los campos más revolucionarios de la física. Es así como lo recordamos todavía: el cabello revuelto, las cejas levantadas y la mirada lanzada directamente a la cámara, sacándole la lengua al mundo entero; el retrato de la rebeldía.

Sus primeras arremetidas contra la autoridad y el dogma tuvieron lugar durante su adolescencia, pero no fueron arbitrarias. La filosofía educativa del instituto de bachillerato alemán que atendía se basaba en la disciplina y la memorización. La escuela desalentaba las preguntas y demandaba de sus estudiantes acatar órdenes sin cuestionarlas. La rigidez del ambiente generó las condiciones perfectas para que la mezcla química del temperamento y la curiosidad del científico hiciera erupción en pequeñas rebeliones. Tanto así que uno de sus profesores quedaría inmortalizado en los anales de la historia al declarar que Albert Einstein «nunca conseguiría nada en la vida».

Aunque no hay consenso sobre si fue forzado a dejar el instituto o si lo invitaron de manera amable a retirarse, sí sabemos que finalizó sus estudios en Aarau, Suiza. Allí encontró un ambiente mucho más adecuado a su manera de pensar, pero su actitud rebelde no tardó demasiado en volver a causarle problemas.

Ya como estudiante de Física en la Escuela Politécnica Federal de Zúrich su carácter rebelde quedó en evidencia. «¡Eres inteligente, muchacho! Pero tienes una falla. Que no dejas que nadie te diga nada, absolutamente nada», le llegó a reprochar el profesor Heinrich Weber, con quien tendría una relación conflictiva. En 1900, después de graduarse, Einstein tenía la expectativa de encontrar trabajo en la universidad bajo la tutela de alguno de sus antiguos profesores, como era la costumbre de la época. Pero la reputación que lo precedía no era la del genio revolucionario, sino la del alumno desobediente. La búsqueda de empleo resultó mucho más difícil de lo que esperaba.

**Sin duda, sus arrebatos de rebeldía convirtieron lo que podría haber sido una simple búsqueda laboral en una verdadera odisea.**

Pero Albert no se quedaba cruzado de brazos. Expresó su frustración en una osada carta dirigida a un profesor en la que le preguntaba por una vacante y en la que, además, admitía —de paso— que nunca había asistido a sus cátedras, pues simplemente no le interesaba tanto la asignatura. Si bien no es conocida la reacción del profesor, es claro que el joven Einstein tuvo que buscar otras maneras de ganarse la vida.

Uno de estos intentos fue ponerse en contacto con el científico Paul Drude, quien también fue víctima de las atrevidas cartas de Einstein. Drude había publicado un estudio sobre la conducción del calor y la electricidad. Si bien Albert estaba muy interesado en el proyecto, también tenía ciertas quejas sobre el poco rigor en el que había incurrido el autor en su ensayo. Luego de informarle sus dudas por escrito, consideró oportuno aprovechar para pedirle trabajo. La respuesta de Drude fue tajante: «No, gracias».

**«PARA SER MIEMBRO IRREPROCHABLE DE UN REBAÑO DE OVEJAS, HACE FALTA PRIMERO SER OVEJA».**

Expresar cuestionamientos a las investigaciones de quien tiene la posibilidad de ofrecerte el puesto laboral suena, por decir lo menos, poco estratégico. Sin duda, sus arrebatos de rebeldía convirtieron lo que podría haber sido una simple búsqueda laboral en una verdadera odisea. La irreverencia del científico frente a la autoridad puede parecer, a primera vista, un mal hábito de la infancia que nunca logró superar o, quizá, la malformación de una experiencia escolar marcada por la inflexibilidad y la disciplina desmedida. Pero su tendencia al desacato no parte de un deseo vacío y fatuo de llevarle la contra a quienes ocupan un alto cargo, sino de un enorme escepticismo. Einstein no criticaba desde el ego herido, lo hacía como parte de su carácter osado y abierto al cuestionamiento, siempre con la intención de contribuir a la ciencia. Y aunque tal vez se hubiera beneficiado de blandir su temperamento más como un bisturí que como un martillo, no habría sido el científico que fue ni nuestro mundo el que conocemos hoy.

Su trabajo en la Oficina de Patentes de Berna —aquel que consiguió tras tirar la toalla con los académicos e investigadores— no hizo más que afinar ese impulso crónico por cuestionarlo todo. Su tarea como experto de tercera clase consistía en poner en tela de juicio toda carpeta que llegara a su despacho para comprobar si, en efecto, se trataba de una innovación digna de ser patentada. El trabajo ideal para quien disfruta criticarlo todo de manera permanente y consistente. Dudar de cada propuesta era ahora su obligación. ¿Había algo mejor que decirle a un escéptico por naturaleza? Einstein estaba en el paraíso; quizá no el que había soñado para su carrera académica, pero sí uno que afiló su instinto crítico y vigilante, una de las características que lo llevarían, años después, a persistir en sus planteamientos teóricos.

Porque su ímpetu cuestionador fue, de muchas maneras, el eje sobre el que giraban las ruedas de su genio. Para él, las disonancias eran la clave: si alguna pieza no encajaba, aunque fuera una parte esencial de la teoría más aceptada era preciso cuestionarla; es más, así fuera la teoría que todos aceptaran sin darle espacio a la duda, para Einstein, nada podía estar más allá del alcance de la crítica. Su voluntad para ir en contra del consenso fue el arma que le permitió tumbar las paredes conceptuales que limitaban el desarrollo y el avance de la Física Teórica. No tenía miedo de desestabilizar los cimientos más arraigados de su campo, aunque el templo entero amenazara con venirse abajo. Por algo, para los intelectuales más reacios al cambio los planteamientos de Einstein rozaban la herejía.

En la teoría de la relatividad especial, el científico —además de revolucionar las ideas de Newton al introducir la interrelación entre tiempo y espacio— se rebeló ante un concepto sobre el que se sostenía buena parte de la física conocida hasta ese momento: el éter. Se pensaba que este era un medio omnipresente y estático en el universo a través del cual se propagaba la luz, algo similar a cómo el sonido lo hace por medio del aire o el agua. Einstein descartó la existencia del éter gracias a la nueva manera de describir el espacio-tiempo y parte de la comunidad científica ardió en llamas. Poco le importó. No le temía a la oposición. El físico tenía poco aprecio por cualquier figura de poder que buscara dictaminar qué y cómo se debía pensar. Las bases de la libertad académica, que tanto defendió, se erigían sobre la apertura creativa: la ciencia y la experimentación serían las responsables de decir qué era verdadero o falso.

Las discusiones para aceptar las propuestas requerían tiempo. El grito a favor de Einstein es también una crítica al conocimiento calcificado, al consenso heredado que, a veces, solo en virtud a su legado se trata como la verdad. Como él mismo dijo «el respeto ciego a la autoridad es el mayor enemigo de la verdad». Es importante destacar que su escepticismo no era una desconfianza indiscriminada, él confiaba en lo que veía, en la razón y en el método científico. Sabía muy bien que la sospecha excesiva no solo se desliza rápidamente por el barranco del recelo directo a la paranoia, sino que puede llegar a convertirse en cinismo y en desinterés;

pero, al mismo tiempo, no hay nada que condene más a la ciencia que la falta de curiosidad.

Es correcto decir que algunos teóricos antes que Einstein estuvieron cerca de resolver los enigmas que el científico logró descifrar en 1905. ¿Qué separó a científicos como Planck, Poincaré y Lorentz del protagonista de este libro? Su espíritu revolucionario. Albert fue el único capaz de distanciarse de los dogmas sobre los que la ciencia se había basado durante siglos para llegar al fondo del asunto. Einstein protagonizó una osadía y revolucionó la noción del espacio y el tiempo, y sobrepasó siglos y siglos de pensamiento científico.

Aunque Henri Poincaré nunca llegó a dar el salto conceptual planteado por Einstein —y murió sin aceptar que el éter no formaba parte de la teoría de la relatividad—, sí fue capaz de reconocer la osadía científica del Premio Nobel. Así quedó evidenciado en la carta de recomendación que escribió a su favor para que fuera contratado como profesor en la Escuela Politécnica de Zúrich, su *alma mater*. Justamente su adaptación a los nuevos conceptos y su distanciamiento de los principios clásicos fueron las características que Poincaré resaltó. La insubordinación de Einstein fue una de las claves de su éxito.

Vivir en la irreverencia no es fácil, su vida lo atestigua. La línea entre el descaro pícaro y la insolencia avivada por el despropósito es fina. Es, además, una apuesta arriesgada. No siempre sales ganando y, en los casos en que sí, la victoria viene casi siempre acompañada por una serie de obstáculos que, uno intuye, no habrían existido si tan solo uno hubiera aprendido a cerrar la boca de vez en cuando.

**Hay que tener, pues, la fuerza necesaria para aguantar las sacudidas de los temblores que uno mismo causa.**

Ser capaz de ir en contra de la corriente requiere una enorme resistencia, un aguante que Einstein cultivó desde la niñez, entrenando su disposición en apariencia innata como quien entrena los músculos en el gimnasio. Hay que tener, pues, la fuerza necesaria para aguantar las sacudidas de los temblores que uno mismo causa. Tampoco está de más aprender un poco de tacto. Einstein, con el tiempo, dejó atrás la forma más irreflexiva de su insolencia para blandir su escepticismo con elegancia y humor.

En 1952 falleció el primer presidente del estado israelí, su amigo y compañero en la campaña sionista, Chaim Weizmann, y se necesitaba un sucesor. El nombre de Einstein sonó con fuerza y la oferta formal no tardó en llegar. El puesto era más simbólico que otra cosa, pues en el sistema político del nuevo país el poder recaía mayoritariamente en la figura del primer ministro. Sin embargo, el científico declinó. Adujo que tratar con personas no era su fuerte —como ya para ese momento de su vida le había quedado claro—, y que era más hábil para abordar asuntos objetivos. No estaba hecho para ser estadista ni diplomático y lo sabía. Tampoco era un adepto a los actos públicos ni a los compromisos sociales. Nunca aceptó ser el muñequito del pastel que mostraban en desfiles y eventos, no iba a aceptar convertirse en uno durante los últimos años de su vida.

En una carta para su amiga, la reina Isabel de Bélgica, él mismo reconocería haberse convertido en el «niño terrible» de Estados Unidos por su incapacidad para quedarse callado y tragarse todo lo que sucedía en el país. Hablaba en contra del racismo y de la discriminación en general, del armamentismo y la restricción de la libertad de expresión y de pensamiento. Que la ciudadanía lo considerara una voz autorizada para los temas de discusión pública, sin embargo, convertía al físico en aquello que tanto despreció: una figura de referencia. Una venganza del destino.

A pesar de lo anterior, el científico no dejó atrás su espíritu combativo. Su poca simpatía por los convencionalismos también se vio reflejada en su imagen personal. Si ya de joven había desafiado los parámetros sociales llevando el pelo largo y enredado, en su etapa adulta ese desinterés solo se agravó. Usaba la misma chaqueta de cuero en la vida diaria y en eventos formales, no se peinaba y jamás se ponía calcetines. Conscientes de su poco aprecio por las reuniones, cuando Thomas Lee Bucky —hijo de un gran amigo de Einstein y amigo suyo— estaba por casarse, decidieron no invitarlo. No querían que se sintiera obligado a participar en un evento donde ir de esmoquin era obligatorio. De cualquier forma, Einstein se presentó: iba de traje, camisa, corbata y ¡gorro marinero de paño! Tenía 74 años y seguía sin dejar de lado sus pequeños actos de rebeldía.

**No hay cómo innovar y revolucionar sin antes sacarle la lengua a lo establecido.**

La insumisión de Einstein era una manera de ver y enfrentar la vida, una forma de pensar que no daba las cosas por sentado ni le permitía mantenerse callado ante una observación crítica. Esta actitud influyó en todos los aspectos de su vida. No hay manera de innovar y revolucionar sin antes sacarle la lengua a lo establecido. Einstein nos enseñó mucho sobre el universo retando él mismo aquello que se consideraba incuestionable, tanto para el conocimiento de la física como para las relaciones humanas. ¡Larga vida, pues, a la irreverencia, al desacato, al inconformismo!

**«¡VIVA LA IMPRUDENCIA! ES MI ÁNGEL GUARDIÁN EN ESTE MUNDO».**

$E = mc^2$

**«LA CIENCIA NO ES, NI SERÁ JAMÁS, UN LIBRO TERMINADO. TODO AVANCE IMPORTANTE TRAE NUEVAS PREGUNTAS. TODO PROGRESO REVELA, A LA LARGA, NUEVAS Y MÁS HONDAS DIFICULTADES».**

# ERRAR ES HUMANO (Y CIENTÍFICO)

## LECCIÓN 3

Diez años pasaron desde que Einstein se preguntó cómo se vería un rayo de luz si uno avanzara a su misma velocidad hasta que, en efecto, pudo resolver su interrogante. La primera vez que pensó en aquella paradoja tenía 16 años, estaba terminando la secundaria en Suiza y no existía en el mundo alguien con quien compartir sus reflexiones. Fue él mismo quien debió encontrar la solución: le tomó una década de cavilaciones. Cuando publicó los resultados de su teoría de la relatividad especial, en 1905 tenía 26 años, estaba casado y era padre de un hijo.

La revolución que causó en el mundo de la ciencia con este descubrimiento fue sísmica; sin embargo, la historia apenas comenzaba. Y es que, si bien la teoría de la relatividad especial introdujo la relación entre los conceptos del tiempo y el espacio, había una pieza que faltaba: no contemplaba la gravedad o la aceleración y eso limitaba su aplicación. A partir de 1905, Einstein buscó saltar de la teoría especial a la teoría general de la relatividad, lo cual era como si se hubiera encontrado con el extremo de un larguísimo hilo del que debía tirar con cuidado. Los siguientes diez años se dedicaría, entonces, a jalar de él sin la certeza de qué hallaría en el otro extremo. El resultado fue la *teoría de la relatividad general* presentada en 1915, publicada un año después y comprobada en 1919.

¿Cuántas idas y vueltas enfrentó el físico en esas décadas? Solo él lo supo a ciencia cierta. Gracias a su correspondencia, sus propias declaraciones y los testimonios de sus compañeros se pudieron reconstruir una infinidad de momentos en los que el científico dudó, puso marcha atrás, cambió de enfoque o quiso darse por vencido. No obstante, sería ingenuo pensar que estos episodios comprenden en absoluto todas las veces en las que Einstein quiso apagar la luz y cerrar la puerta. En la cotidianeidad de la búsqueda deben de haber existido cientos más. ¿En cuántas ocasiones debió recalcular sus operaciones? ¿Cuántas veces erró en una fórmula? ¿Con qué frecuencia borró y volvió a comenzar? ¿Cuántas hipótesis descartó antes de dar con la correcta?

El científico fue un hueso duro de roer. Por supuesto que su intelecto, creatividad y capacidad de observar ciertos fenómenos desde una perspectiva que nadie antes había explorado influyeron en los resultados de su carrera. Pero hay que reconocer que su voluntad inquebrantable también formó parte fundamental de la fórmula con la que logró el éxito. Durante años, el físico estuvo deambulando en la nada; un día creía tener la respuesta al alcance de la mano y al siguiente las certezas se desvanecían como el humo de su propia pipa. Una y otra vez. Día con día. Mes con mes. Año con año.

**Durante años, el físico estuvo deambulando en la nada; un día creía tener la respuesta al alcance de la mano y al siguiente las certezas se desvanecían como el humo de su propia pipa.**

Cuando ya llevaba unos siete años tratando de desentrañar los misterios de la teoría general de la relatividad, Einstein ahondó en un teorema matemático con la ayuda de su amigo y colega Marcel Grossmann. Siguieron esta línea de investigación durante 1912 y 1913 solo para encontrarse con ecuaciones incorrectas. Einstein hizo, —como tantas otras veces— de tripas corazón, y continuó su trabajo desde otro enfoque.

**«TE IMAGINARÁS QUE AL VOLVER LA VISTA SOBRE LO QUE HE HECHO EN MI VIDA LO HAGO CON CALMA Y SATISFACCIÓN. PERO, VISTAS DE CERCA, LAS COSAS SON MUY DISTINTAS. NO HAY UN SOLO CONCEPTO DEL QUE TENGA LA SEGURIDAD DE QUE SE MANTENDRÁ FIRME, Y NO ESTOY SEGURO DE IR, EN GENERAL, POR EL BUEN CAMINO».**

Para fines de 1915, las matemáticas seguían sin concordar y su teoría no podía ser demostrada. Fue entonces cuando el físico se percató de que había cometido un error en un cálculo matemático dos años antes, cuando todavía trabajaba con Grossmann. Nunca antes el percatarse de un error condujo a tanta satisfacción, y lo describió así: «Habían sido muchos los años de ansiosa búsqueda en la oscuridad, años llenos de intensa ansiedad, de fases de plena confianza y de total agotamiento antes de llegar a emerger a la luz». Sin duda, su férreo compromiso con la exploración de las preguntas más profundas y desafiantes jugó un papel de suma importancia. Tener la fuerza de voluntad para cometer los errores necesarios que luego lo condujeron a la respuesta correcta fue el verdadero poder de la genialidad de Einstein.

La escalera del conocimiento no se construye peldaño a peldaño, sino error tras error; y es que en la ciencia el desacierto no es enemigo, sino compañero de trabajo, tal y como en muchos otros campos del conocimiento. Así como ser coherente y mantenerse firme con las propias posturas es visto como un valor, lo es también el reconocimiento del error, la disposición al cambio. Ya decía él que la naturaleza —y más precisamente la experimentación— no es el juez más amigable del trabajo de los científicos teóricos; para empezar, la experimentación nunca le dice que sí a ninguna teoría. En el caso más favorable puede contestar un «quizás», pero no se debe perder de vista que toda teoría en algún momento experimentará una negativa, y muchas de ellas lo harán muy poco después de haber sido propuestas.

No fue en vano cuando, al llegar a Estados Unidos, le preguntaron por los instrumentos y materiales que necesitaba en su nuevo despacho de Princeton, él respondió muy seguro que, además de un escritorio, una silla, papel y lápices requería un gran bote de basura donde poder arrojar todos sus errores. Era 1933 y todavía le quedaban muchos desaciertos por cometer.

Para entonces, el científico ya tenía cerca de ocho años trabajando en el desarrollo de una teoría del campo unificado: un único marco teórico donde quedaran explicadas de manera conjunta todas las fuerzas fundamentales de la naturaleza. En Estados Unidos continuaría con esa investigación durante dos décadas más, pensándola y analizándola hasta el último día de su vida.

Por supuesto, en treinta años de trabajo muchísimas hipótesis pasaron por su observación. Nunca se dio por vencido. Ernst Straus, uno de sus ayudantes en el Instituto de Estudios Avanzados, recordaba cómo Einstein había estado detrás de una hipótesis durante casi dos años. Una jornada, sin embargo, descubrieron una serie de cálculos que dejaron en evidencia que esa teoría no funcionaría. Straus reconocía encontrarse abatido por la confrontación con tal realidad y se preocupaba por el estado del científico. Jamás imaginó que a la mañana siguiente Einstein llegaría impaciente y con un nuevo planteamiento para explorar. Había pasado la noche pensando y, sin más, la rueda volvió a echarse a andar.

Algo parecido narraría su última ayudante, la física israelí Bruria Kaufman. Cuando se encontraban en un callejón sin salida y quedaba demostrado que lo que habían analizado no servía para sustentar sus ideas, llegaba la resignación, pero también la certeza de haber descartado una hipótesis. «Bueno, hemos aprendido algo», le decía Einstein a Kaufman cada vez que cerraban la puerta del despacho para irse de la universidad. Errar no era un retroceso. Al día siguiente, el físico apareció con papeles llenos de apuntes hechos la noche anterior y un nuevo enfoque a perseguir.

En cualquier caso, no todas las experiencias relacionadas con errores o cuestionamientos que Einstein vivió se transitaron con calma ni se resolvieron de manera sencilla.

En 1917, dos años después de compartir su teoría general de la relatividad, el científico la aplicó a la cosmología. Gracias al uso de sus ecuaciones pudo modelar la estructura del universo en su conjunto. En aquel momento, la visión imperante sostenía que el universo era estático y estaba compuesto únicamente por la Vía Láctea. Sin embargo, para la sorpresa del propio físico, tras aplicar sus fórmulas los resultados mostraban otra cosa: según sus cálculos el universo era dinámico y estaba en expansión. Einstein mismo se resistió a la idea, desorientado por lo que se conocía de astronomía hasta el momento. Pero ¿cómo hacer, entonces, que sus ecuaciones cuadraran? Para lograrlo, el científico añadió a sus fórmulas de campo una «constante cosmológica» inventada por él mismo. Con el uso de este término, los cálculos cerraban.

**Einstein encontraba propósito y sentido allá en el mundo de las ideas. Amaba su trabajo y lo realizó hasta el final de sus días.**

Diez años después, la verdad se abriría paso. Gracias al telescopio Hooker, el más poderoso del mundo para la época, el astrónomo Edwin Hubble descubrió que la nebulosa de Andrómeda, aquella que sus colegas consideraban una nube de gas y polvo dentro de nuestra galaxia, en realidad existía fuera de la Vía Láctea y era una galaxia por sí sola. El estadounidense no tardó mucho en encontrar un par de docenas más de ellas. La evidencia era irrefutable: el universo existía más allá de nuestra propia Vía Láctea.

Pero los descubrimientos de Hubble no terminarían allí; desde lo alto del Monte Wilson, en California, el astrónomo también comprobó que todas las galaxias «se alejaban» entre sí concluyendo que el universo no era estático, sino que estaba en constante expansión. Las ecuaciones originales de Einstein, aunque sin la «constante cosmológica», habían estado en lo cierto.

En 1931, Einstein visitó el Observatorio del Monte Wilson y pudo mirar a través del telescopio Hooker. Fue el propio Hubble quien le mostró los resultados de sus observaciones. El físico quedó fascinado y aceptó su error. Una equivocación que no dejaba de tener un matiz feliz pues, aplicada de forma correcta, la *teoría de la relatividad general* sí predecía que el universo se expandía. El físico y astrónomo George Gamow, colega y amigo de Einstein, recordó más tarde que cuando discutía con Albert, este recalcaba que la introducción de la «constante cosmológica» había sido uno de los grandes errores cometidos durante su carrera.

Pero dudar era también parte de la esencia, no solo de Einstein, sino de cualquier persona de ciencia. El físico sostenía que los científicos nunca aceptarán ideas y opiniones como ciertas únicamente porque estén impresas en algún libro; por el contrario, ni siquiera creerán que los resultados de sus propias cavilaciones son finales.

Ese incansable espíritu de búsqueda, que dio pie a que podamos entender el mundo como hoy lo hacemos, no lo abandonó jamás. Nunca siguió sus inquietudes por obligación, tampoco por fama o compromiso. Einstein encontraba propósito y sentido allá en el mundo de las ideas. Amaba su trabajo y lo realizó hasta el final de sus días.



A pesar de sus esfuerzos, su ahínco por descubrir una teoría unificada no llegó a buen puerto. Alguna vez, leyéndole *El Quijote* a su hermana Maja —ambos ya mayores de setenta y ella muy enferma y postrada en cama—, llegó a comparar los infructuosos ataques que aquel lejano caballero español lanzaba contra los molinos de viento con sus propios embates contra la ciencia predominante.

No le pesaba. Cuando un colega le consultó por qué continuaba, años después, dedicando su total atención a la *teoría unificada* aun cuando la mayoría de la comunidad científica iba en otra dirección, Einstein le contestó que era «porque podía». Dedicarse a investigar una teoría tan incierta y con pocas probabilidades de lograr una respuesta no le suponía ningún riesgo, dado que ya había conseguido una posición en la academia. Es más, lo consideraba su obligación.

Su obsesión por desentrañar los más profundos misterios que el universo esconde lo acompañó hasta el final de sus días. La mañana antes de morir, ya internado en el Princeton Hospital, estuvo garabateando ecuaciones y realizando cálculos; bromeó con su hijo, Hans Albert, quejándose de lo poco que manejaba las matemáticas y cómo esto lo limitaba. Al lado de su cama de hospital, sobre la mesa de noche, encontraron 12 páginas de complejísimas ecuaciones. El pensador más grande de nuestro tiempo murió en su ley: razonando. A su paso, y sin saberlo quizá, dejó otra lección: los errores son parte de la ciencia, y, en consecuencia, también de la vida.

**«LAS PERSONAS SON COMO LAS BICICLETAS: PUEDEN MANTENER EL EQUILIBRIO SIEMPRE Y CUANDO SE SIGAN MOVIENDO».**

E = mc²

**«LA ENSEÑANZA DEBE SER TAL QUE PUEDA RECIBIRSE COMO EL MEJOR REGALO Y NO COMO UNA AMARGA OBLIGACIÓN».**

# ENSEÑAR A PENSAR

## LECCIÓN 4

Dos por dos, cuatro. Dos por tres, seis. Dos por cuatro, ocho. Podríamos seguir así hasta el infinito. A Einstein, como a millones antes y después que él, le tocó aprender las tablas de multiplicar. Tenía 7 años y lo hizo de memoria. Sí, una de las mentes más brillantes de la historia de la humanidad —para muchos, incluso, la mente más brillante de la historia de la humanidad— aprendió a multiplicar como lo hacemos todos: de memoria y repitiéndolo todo una y otra vez. Si se equivocaba, el pequeño Albert se las veía con el *tatzen*, el típico manazo en los nudillos que servía como correctivo. El temor al dolor y la reprimenda, antes que el valor de saber algo nuevo, era la fórmula imperante para que los niños aprendieran las respuestas allá por la Alemania de 1880.

La tendencia no cambió mucho para cuando, poco antes de los 9 años, ingresó al Gymnasium Luitpold, un reconocido centro de estudios en Múnich. Aunque este tenía fama de progresista —ya que priorizaba tanto a las matemáticas y la ciencia, como al latín y al griego— para el pequeño Albert la experiencia se sintió más cercana a una academia militar que a una institución educativa. «Los maestros de la escuela elemental me parecían sargentos de instrucción y los de la escuela secundaria, tenientes», recordó muchos años después.

Y es que, gracias a la influencia de la escuela prusiana, el estilo en Luitpold era, en definitiva, marcial. Se practicaba la enseñanza mecánica y el aprendizaje se basaba en repetir y memorizar datos impuestos a la fuerza. Además, se esperaba que los alumnos mostraran una actitud de respeto indiscutible a la autoridad, cualquier cuestionamiento a los profesores o a las temáticas que eran impartidas se consideraba prácticamente como un acto de sedición; por esto, pronto Einstein fue calificado como un alumno problemático. A pesar de obtener excelentes calificaciones, su actitud contrastaba, rebelde e inconformista no caía bien entre aquellos maestros que esperaban un «sí, señor», antes que un «¿por qué?».

«El estilo de enseñanza en la mayoría de las asignaturas le resultaba repugnante», recordó años después su hermana. Al futuro físico, decía Maja Einstein, le disgustaba el tono militar adoptado por la escuela y que, desde niños, se les inculcara a los alumnos un entrenamiento sistemático para acatar, con disciplina marcial, el concepto de autoridad. Todo esto dejaba muy incómodo al joven Albert y lo marcó profundamente.

El poco respeto que desde muy temprano sintió por la imposición también se hizo evidente en su aprendizaje musical. Aunque entre los 6 y los 14 años recibió clases de violín, Albert dijo no haber tenido suerte con sus profesores. Consideraba que lo que ellos le enseñaban se reducía a una práctica mecánica de la música. Repetir y repetir. Nada menos atractivo para quien, desde chico, ya se mostraba alérgico al aprendizaje sistemático. Sin embargo, a los 13 años, al descubrir las sonatas de Mozart, él mismo conectó con la música desde otro lugar. Enamorado de esas piezas, sabía que si quería reproducirlas debía mejorar su técnica. Dedicó tiempo y esfuerzo a la práctica gracias a dichas sonatas, ya no por deber, sino por placer.

**...cualquier cuestionamiento a los profesores o a las temáticas que eran impartidas se consideraba prácticamente como un acto de sedición...**

**«EN EL REINO DE LOS BUSCADORES DE LA VERDAD NO HAY NINGUNA AUTORIDAD HUMANA. QUIEN INTENTA ERIGIRSE EN MAGISTRADO PROVOCA LA RISA DE LOS DIOSES».**

Su interés por explorar distintas áreas del conocimiento para luego interpretarlas y analizarlas de manera libre, no fue una iniciativa estimulada desde la escuela; el impulso vino desde casa, pero no precisamente de parte de sus padres. Fue un estudiante de medicina, un judío polaco, quien alimentó esa curiosidad: Max Talmey. El matrimonio Einstein, como parte de una iniciativa de la comunidad judía en Múnich, ayudaba al joven estudiante y lo recibía todos los jueves en la casa familiar para cenar. A pesar de ser 11 años mayor, Max encontró en Albert una mente despierta con la cual era posible conversar y debatir. Pronto pasaron de resolver problemas aritméticos a enfocarse en la Geometría. Luego saltaron a otras áreas de las Matemáticas, después a la Física y, finalmente, terminaron debatiendo sobre las obras filosóficas de Kant, David Hume y Ernst Mach. Albert tenía solamente 13 años.

Cuando en 1895, Albert llegó a la Escuela Cantonal de Aargau, en Suiza, para terminar su educación secundaria, se sorprendió por el contraste frente a la rigidez experimentada en el Gymnasium Luitpold. En la nueva escuela se trataba a los alumnos como individuos, no se promovía el culto irrestricto a la autoridad y existía un gran énfasis en el pensamiento independiente antes que en la acumulación de conocimientos. Los profesores no eran vistos como figuras de autoridad incuestionables, sino como individuos con sus propias opiniones y personalidades, al igual que los estudiantes.

Basada en la pedagogía de Johann Heinrich Pestalozzi, un reformador educativo suizo, la enseñanza en la Escuela Cantonal de Aargau se enfocaba en alimentar la individualidad intelectual de los estudiantes y promover que llegaran a sus propias conclusiones a través de observaciones prácticas, imágenes visuales, conceptualización e interpretación. Einstein no pudo caer en mejores manos. Al comparar sus seis años en Múnich con su experiencia en Suiza resaltaba lo superior que le resultó una educación basada en la responsabilidad individual y la libre acción antes que aquella cimentada en una autoridad externa. «Lo peor es, a mi juicio, que una escuela se base por principio en los métodos del temor, de la fuerza y de una autoridad mal entendida», decía, «tales métodos destruyen el sano sentido de justicia y la confianza del alumno en sí mismo: solo son aptos para producir súbditos sumisos».

El rol de los maestros también calaría en la opinión de Albert sobre la educación y la formación de las siguientes generaciones. Durante toda su estancia en Aarau se alojó en la casa de un maestro de la escuela y su familia. Jost Winteler, profesor de Historia y Griego, tenía ideas progresistas y fue uno de los principales mentores del joven estudiante. Influyó en la filosofía social antimilitarista que Einstein fue madurando con los años, así como en su postura de defensa de la libertad individual y la libertad de expresión.

Casi sesenta años más tarde, en una entrevista publicada en el *New York Times* sobre los problemas en la educación, el científico siguió reflexionando acerca de la figura de los maestros y el desarrollo de una independencia en el pensar. Él señalaba que no es suficiente con enseñarles a las personas una especialidad, ya que esto, si no se acompaña de un desarrollo moral, simplemente convierte a los hombres y mujeres en «máquinas utilizables, pero no en individuos válidos». Para lograr esto último es preciso desarrollar un entendimiento de las motivaciones, ilusiones, desilusiones y desafíos de las personas y la sociedad. Es necesario priorizar el estudio de las humanidades antes que la memorización de información; de no hacerlo, los individuos se parecen más a «un perro bien amaestrado que a un ente armónicamente desarrollado». Pero ¿cómo se consigue una meta así de noble como ambiciosa? Einstein sostuvo en aquella entrevista de 1952 que el camino es la comunicación y el vínculo entre quienes enseñan y las generaciones jóvenes; esto es aún más importante que todo aquello que se estudia en los libros de texto. Y hablaba desde su propia experiencia.

En 1896, al terminar la secundaria, Albert ingresó a la Escuela Politécnica Federal, hoy conocida como ETH por sus siglas en alemán. Más adelante recordaría los años que pasó en Zúrich como algunos de los más felices de su vida. En las aulas del Poli conoció a su futura esposa, Mileva Maric, y a dos amigos que mantuvo hasta la vejez, Marcel Grossmann y Michele Besso. Todos eran compañeros en el área para convertirse en maestros especializados en Matemáticas y Física.

A pesar de reconocer que disfrutó los cuatro años de carrera, hubo algo en la metodología del instituto de educación superior que no lo convenció: el sistema de evaluaciones. Una vez más, Albert veía con ojo crítico la forma en que le enseñaban. Tener que aprenderse datos, fórmulas, cifras y una cantidad infinita de información para los exámenes iba en contra de lo que el futuro físico consideraba pedagógico. Por su correspondencia se hace evidente, además, que esto le ponía los pelos de punta. Al graduarse, Einstein escribió que la imposición de estudiar tanto para los exámenes finales ocasionó que, durante un año después de graduarse, le resultara desagradable siquiera pensar en cualquier problema científico.

**Es necesario priorizar el estudio de las humanidades antes que la memorización de información; de no hacerlo, los individuos se parecen más a «un perro bien amaestrado que a un ente armónicamente desarrollado».**

Resulta imposible saber qué tan traumática le resultó aquella experiencia o si fue determinante para formar la opinión que, años después, sostendría sobre la naturaleza de los exámenes. Lo cierto es que un ya maduro Einstein se opuso a otorgarle una excesiva importancia al sistema de evaluaciones tradicional. «Para que exista una educación válida es necesario que se desarrolle el pensamiento crítico e independiente de los jóvenes, un desarrollo puesto en peligro continuo por el exceso de materias. Este exceso conduce necesariamente a la superficialidad y a la falta de cultura verdadera», reflexionó el premio nobel a los 73 años. Einstein consideraba un milagro que los métodos de enseñanza tradicional —cimentados en la disciplina, la memorización y los exámenes como reflejo de la capacidad intelectual de los alumnos— no hubieran destruido por completo la curiosidad por la investigación.

En efecto, sus ideas sobre el propósito de la educación solo irían madurando a lo largo de los años, siempre estableciendo correspondencia entre sus propias vivencias y su pasión por pensar y aprender. A pesar de su rechazo hacia las pruebas y evaluaciones, durante el viaje que realizó a Estados Unidos en 1921, Einstein se sometió a una parte del popular —y controversial— test de Edison. Esta prueba había sido desarrollada por el inventor norteamericano Thomas Alva Edison para evaluar a todas las personas que se postulaban como candidatos para unirse a su grupo de trabajo. El cuestionario contenía 146 preguntas que iban desde qué países limitan con Francia hasta quién fue Francisco Pizarro, qué es un monzón o poder nombrar tres venenos poderosos. Eso sí, todas las interrogantes se respondían de manera objetiva, no había espacio para la interpretación. Esto no era gratuito: Edison creía que aquellas personas con buena capacidad de memorización eran capaces de tomar mejores decisiones laborales. Tampoco era muy afín al trabajo de aquellos colegas científicos que teorizaban en exceso. Cuando el test fue filtrado al *New York Times*, utilizarlo para medir qué tan inteligentes eran las personas se convirtió en una gran moda.

Durante su visita a Boston, los periodistas pusieron a prueba al ganador del Premio Nobel. Aunque no le formularon las 146 interrogantes, sí le preguntaron algunas de ellas entre las que destacó cuál era la velocidad del sonido. Einstein contestó que, en vista de que aquella información estaba fácilmente disponible en los libros, ya no guardaba ese dato en su mente. Enseguida, el científico pasó a comentar sobre cómo el valor de la educación debía residir en entrenar a la mente para pensar y analizar antes que para memorizar datos. ¿Conocía el físico la respuesta a la pregunta? Es difícil imaginar que alguien como él, que entendía al milímetro la propagación de las ondas sonoras, no tuviera la solución. Sin embargo, aprovechó la oportunidad para promover su postura.

Einstein cuestionó sus experiencias educativas a lo largo de su vida, estaba convencido de que un futuro mejor para la humanidad pasaba por cultivar mentes críticas y libres gracias a una educación que priorizara al individuo, la curiosidad y la capacidad de reflexión. Para el científico, un hombre que nació en 1879, favorecer el desarrollo del pensamiento crítico implicaba romper los moldes educativos tradicionales de la época en la que le tocó vivir; una ruptura que hoy, más de cien años después, sigue siendo necesaria.

**«EL VALOR DE UNA EDUCACIÓN UNIVERSITARIA NO ES EL APRENDIZAJE DE MUCHOS DATOS, SINO EL ENTRENAMIENTO DE LA MENTE PARA PENSAR».**

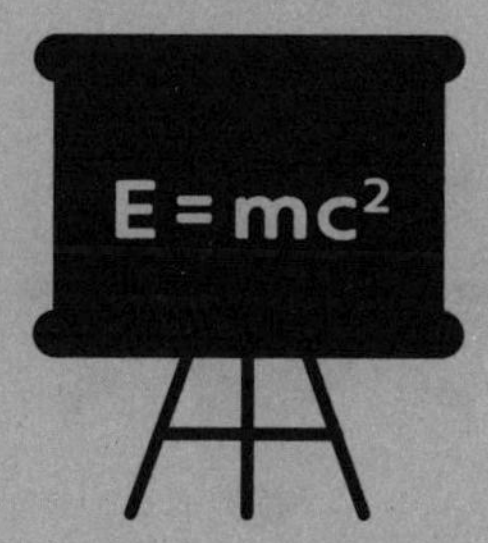
E = mc²

**«LAS MAYORES ALEGRÍAS DE MI VIDA LAS OBTENGO DE MI VIOLÍN».**

# SONATA PARA VIOLÍN Y PIANO

## LECCIÓN 5

Cuando Albert tenía 6 años, su madre contrató a una profesora para que le enseñara a tocar el violín. Así empezó su aventura con la música en la que los compases y las melodías se convertirían en uno de los pilares de su vida. Cuando necesitaba sopesar sus ideas científicas, cuando quería alejarse de los problemas personales, cuando quería celebrar con amigos o cuando solo deseaba disfrutar del momento, allí estaban el violín o el piano.



«Si no fuera físico, probablemente sería músico», le dijo a un periodista que lo entrevistó en 1929. Quienes lo conocieron nunca pusieron en duda esa afirmación; toda su vida transcurrió entre sus dos grandes pasiones: su trabajo científico y la música. Así como sería imposible imaginar a Einstein sin la física, tampoco sería posible imaginarlo lejos de la música. Eso lo sabían sus allegados y quienes lo veían viajar con su violín entre el equipaje. Él mismo lo dejó muy claro al confesar «a menudo pienso en forma de música. Vivo mis ensueños en música».

Así como Einstein criticó mucho la enseñanza rutinaria y el aprendizaje mecanizado en sus estudios escolares, se dio cuenta de que pasaba lo mismo en sus clases de violín y de piano. Aprendió más por sí solo, explorando las piezas que disfrutaba, que durante los ocho años que recibió clases particulares. Su entusiasmo le ganó la partida a todas aquellas composiciones que sus profesores le imponían por obligación. Por eso, décadas después, cuando cultivó la pasión musical en sus hijos, les aconsejó que se enfocaran en las piezas con las que sentían una mayor conexión. «En el piano toca principalmente cosas que te gusten, incluso si tu profesor no te las asigna. Uno aprende más de las cosas que disfruta haciendo», le escribió a su hijo mayor, Hans Albert, en 1915.

Mozart, Bach y Schubert estarían entre sus compositores favoritos. Admiraba a Beethoven y a Wagner, aunque, por supuesto, también les tenía críticas. Al primero, que era muy personalista; al segundo, poco estructurado. Su gusto musical era afín a su visión de la ciencia y el universo. La simplicidad, la belleza y la armonía fueron conceptos que lo inspiraron mientras trabajó en sus teorías de la relatividad y del campo unificado; en la música perseguía los mismos ideales. Prefería piezas que, para él, fluían con naturalidad por encima de aquellas muy adornadas o donde la «mano» del compositor se hacía demasiado evidente.

Mozart era su favorito. En su música, «tan pura y bella», podía ver el «reflejo de la belleza interior del universo». Su asistente en Princeton, el físico Banesh Hoffmann, recuerda que Einstein consideraba la música de Mozart «tan pura que parecía estar desde siempre en el universo, esperando que alguien la descubriera». Lo mismo sucedía con sus trabajos científicos: el cosmos y sus misterios ya estaban ahí y él solamente buscaba echarles luz para hacerlos evidentes.

La intuición, que tanto orientó sus trabajos científicos, en el campo musical impulsaba la integración del pensamiento. «En la música yo no busco la lógica [...]. Nunca me gusta un trabajo si es que no puedo captar intuitivamente su unidad interior», dijo a una publicación especializada que buscó ahondar en sus gustos y comportamientos musicales. Aunque Einstein, el científico, fue quien logró la fama mundial; Einstein, el soñador, también fue determinante para llegar a ese punto.

Así lo sostuvo el reconocido compositor musical, Philip Glass, quien escribió en la década de 1970 una ópera inspirada en la vida del físico. «La relatividad especial fue una hipótesis basada en un acto de imaginación: el científico entrando en el reino del soñador, del poeta, del artista», dijo. Así pues, el pasaje que le dio la entrada a ese mundo del arte fue la música.

Y es que, para Einstein, la música no era únicamente un lugar de sosiego mental, no era la evasión o el descanso. Era también pensamiento. La música se convirtió en una fuente de inspiración. Su hijo, Hans Albert, recordaba cómo cada vez que su padre sentía que se había estrellado contra una pared en alguna de sus investigaciones o cuando afrontaba un problema que no sabía cómo resolver, este se refugiaba en la música hasta que la claridad se hiciera paso. Operando de forma misteriosa, los sostenidos y bemoles lograban desenredar el laberinto de las ideas y resolver las dificultades. Era como si, mediante la música, el físico dejara macerar sus ideas para que estas emergieran luego, claras y lúcidas, a través de las notas de su violín.



Así fue cuando, por meses, tocó de madrugada su instrumento en la cocina de su departamento en Berlín, mientras trabajaba en la teoría de la relatividad general. También en su casa de verano en Caputh los acordes le entregaban las respuestas sobre ensayos y reflexiones. Maja, la hermana de Einstein, presenció un sinfín de estos episodios. Cuando tenía demasiadas ideas dándole vueltas en la cabeza, el físico optaba por entregarse a la «meditación musical». En plena interpretación, y de golpe, le llegaba la inspiración. «¡Ya lo tengo!», decía, mientras se levantaba y buscaba papel y lápiz para anotar: la música le había dado la respuesta. Sin dudas, esta fue una herramienta más en el arsenal de creatividad e imaginación que tuvo a mano el científico.

Su pasión musical también fue un medio para vincularse y conectar con los demás. Le permitió salir de su mundo interior —solitario y taciturno— y lo llevó a uno donde podía relacionarse de forma íntima con otros. Durante su juventud, la música le presentó al que sería su amigo de toda la vida, Michelle Besso y, ya de adulto, le permitió entablar amistad con la reina de Bélgica, Isabel. También lo ayudó a fortalecer los lazos con sus dos esposas, Mileva Maric y Elsa Einstein, cada una en su momento. Más adelante, su talento para el violín y el piano seguirían siendo el hilo conductor de su vida social: tocaba en reuniones para sus amigos y también públicamente en eventos para recaudar fondos en favor de distintas causas. Adonde Einstein fuera, su violín iba con él; el instrumento de cuerda fue su inseparable compañero alrededor del mundo.

Para él la música no era una simple distracción, sino un elemento fundamental en su cotidianeidad que enriqueció su vida en diversos sentidos: el creativo, el social, el emocional, el intelectual. En definitiva, su experiencia humana se completaba en compases. Por ello, defendió a capa y espada su presencia como imprescindible en la vida de los individuos. Conforme fue envejeciendo, Einstein lamentó públicamente la pérdida de relevancia que tuvo la educación musical en la vida de las personas. En un ensayo que escribió en 1934, donde reflexionaba sobre la sociedad contemporánea, el físico criticó la falta de figuras destacadas en el campo del arte. Veía que la pintura y la música habían dejado de tener espacio en la vida de las personas y, para él, una vida sin música carecía de sentido. En un mundo que privilegia el razonamiento lógico y lo distancia de las artes y la sensibilidad, se pierde de vista la conexión tan estrecha entre el arte y el pensamiento. Cabe preguntarse si aún queda alguien que considere que las teorías de Einstein son únicamente físicas y nada tienen que ver con el pensamiento creativo y su relación con la música. Para el científico, así como para muchos antes y muchos después de él, la música fue refugio y conexión; fue estímulo y consuelo; fue inspiración y armonía; fue pregunta y fue, también, respuesta.

**«VEO MI VIDA EN TÉRMINOS DE MÚSICA».**

E = mc²

**«HAY UN CONTRASTE GROTESCO ENTRE LA CAPACIDAD Y EL RENDIMIENTO QUE SE ME ATRIBUYEN, Y LO QUE EN REALIDAD SOY».**

# ALBERT, *SUPERSTAR*

## LECCIÓN 6

En 1900 lejos estaba Einstein de ser el hombre más famoso de la historia de la ciencia. No solo era un completo desconocido para el mundo de la física, ni siquiera su pequeño círculo de colegas en Berna lo tenía en gran estima. Su objetivo al graduarse de la Escuela Politécnica Federal (Eidgenössische Technische Hochschule, ETH) había sido arrancar allí mismo con su carrera como académico, pero eso nunca sucedió. De los cuatro graduados de su sección, Albert fue el único al que no le ofrecieron un puesto como asistente en el instituto, cargo con el que se tendría que haber iniciado dentro del escalafón universitario.

A los 21 años enfrentaba una verdadera crisis: desempleado y sin dinero, con el negocio de su familia al borde de la quiebra y la oposición de sus padres a la relación con su novia, Mileva Maric. Para llegar a fin de mes, el futuro premio nobel sobrevivía dando clases particulares y ejerciendo como profesor sustituto en colegios; anunciaba sus servicios como instructor particular de Física en un periódico de Berna por tres francos la hora. Casi dos años después, aún sin conseguir un trabajo estable, se confesaba de un «humor de perros» por la infructuosa búsqueda. Por eso, celebró enormemente cuando en junio de 1902, gracias a la ayuda de un compañero del instituto, fue contratado en la Oficina de Patentes de Berna.

Sin sospecharlo, su vida cambiaría gracias a ese empleo. Sin la exigencia de una carrera académica que ejerce presión por generar cada vez más trabajos de investigación, el físico exploró sus reflexiones sin ningún apremio más que el de su propia curiosidad. Cincuenta años después, al mirar atrás, calificaría de «verdadera bendición» las horas que pasó dedicado a un trabajo práctico. Una persona que «posee una curiosidad científica más profunda, puede sumergirse en su problema favorito aparte de su trabajo obligatorio», reflexionó el propio Einstein. Así avanzó, sin presiones externas ni temor al fracaso.

**... convertirse en una celebridad internacional significó un enorme inconveniente: el físico nunca volvería a gozar de la libertad del anonimato.**

En menos de 15 años pasó de ser un dedicado agente de patentes en Berna a convertirse en el rostro más reconocible de la ciencia mundial. Si con la publicación de sus artículos en 1905 se hizo conocido dentro de la comunidad científica internacional, en 1916, con la formulación definitiva de la Teoría de la Relatividad General, su popularidad empezó a escaparse del círculo académico.

El punto de quiebre se dio el 6 de noviembre de 1919 con la comprobación de su Teoría de la Relatividad. El anuncio oficial llegó gracias a dos expediciones científicas en las que, durante un eclipse, observaron cómo los rayos de luz se curvaban alrededor del sol por su campo gravitacional. Einstein había cambiado la ciencia moderna y el mundo entero estaba por enterarse. Al día siguiente, «REVOLUCIÓN EN CIENCIA. Nueva teoría del universo. Ideas newtonianas desbancadas», publicó *The Times* de Londres en su portada.

Ya no había marcha atrás: el «fenómeno Einstein» había nacido. Los rayos de luz que tan esquivos le resultaron al físico durante sus primeros años como profesional ahora se curvaban para iluminar su carrera. Nunca más los reflectores dejarían de apuntarlo.

**«CON LA FAMA ME VUELVO MÁS Y MÁS ESTÚPIDO LO CUAL ES, POR SUPUESTO, UN FENÓMENO BASTANTE COMÚN. EXISTE UNA MUY GRANDE DESPROPORCIÓN ENTRE LO QUE UNO ES Y LO QUE OTROS PIENSAN QUE UNO ES, O POR LO MENOS LO QUE DICEN QUE PIENSAN QUE UNO ES. PERO UNO TIENE QUE TOMARSE TODO ESTO CON BUEN HUMOR».**

Para alguien que consideraba que solo estando aislado se puede pensar, convertirse en una celebridad internacional significó un enorme inconveniente: el físico nunca volvería a gozar de la libertad del anonimato. Al principio, la divulgación de sus teorías fue el principal motor que lo empujó a realizar apariciones públicas; para ello, daba charlas en universidades y otras instituciones, y escribía artículos en los periódicos. Junto con su fama, las propuestas de conferencias y viajes también aumentaron y Einstein, en muchos casos, decidió cobrar por participar. De inmediato, su popularidad empezó a salirse de control y tomó al resto de su vida como rehén; se sentía acosado por la prensa y llegaba a agobiarlo a tal punto que interfería con su trabajo práctico.

Su fama no llegó de manera repentina, pero sí tomó dimensiones totalmente inesperadas. Desbordado por la magnitud de su exposición pública, el acoso del cual era víctima llegó a atormentarlo incluso estando dormido. «Dado el diluvio de artículos de periódico», le escribió a un amigo, «me he visto tan inundado de preguntas, invitaciones y peticiones, que sueño que me quemo en el infierno y que el cartero es el diablo que me grita eternamente, arrojándome nuevos montones de cartas en la cabeza porque todavía no he respondido a las anteriores». La fama no lo dejaba en paz ni en sus sueños.

La cantidad de cartas que recibía el físico era tal que llegó un punto en que su correspondencia debía ser filtrada cuidadosamente. Separar lo importante de lo anecdótico era una tarea titánica. Fue su segunda esposa, Elsa, quien desempeñó esta labor. Pero con el tiempo resultó evidente que un par de manos extras eran absolutamente necesarias. Desde 1928, Helen Dukas se convirtió en la secretaria personal de Einstein. Administraba su agenda, depuraba su correspondencia y mecanografiaba sus escritos. También asumió el rol de protectora frente a visitas inesperadas y miradas curiosas tras la muerte de Elsa, en 1936. Helen acompañó al físico hasta el final de sus días y después se volvió guardiana y albacea de su legado, el cual sistematizó y publicó.

Así como las cartas de sus admiradores, los pedidos que recibía Einstein por parte de los periodistas también eran insólitos: le escribían para consultarle hasta por sus comidas favoritas y sus gustos musicales. No importaba sobre qué hablara, cualquier cosa que dijera el científico era noticia. Cuando se mudó a Princeton, los reporteros incluso acamparon afuera de su casa con tal de conseguir alguna declaración. Aunque no figuraba en la guía telefónica, el teléfono del número 112 de Mercer Street sonaba con frecuencia.

Pero no solo al ciudadano común le interesaba conocerlo todo sobre Albert Einstein. Hombres de letras y ciencias también lo buscaban con la intención de adentrarse en la psique del premio nobel: recibía consultas de psicólogos, neurólogos, sociólogos y muchos otros profesionales. Todos querían saber qué y cómo pensaba la mayor mente de la humanidad. Ya se lo había dicho el propio Charles Chaplin mientras ambos eran ovacionados por miles durante el estreno, en Hollywood, de la película *Luces de la Ciudad*: «La gente me aplaude a mí porque todos me entienden y te aplauden a ti porque nadie te entiende».

Cuando la teoría de Einstein se difundió, surgieron malentendidos donde el concepto de relatividad se asoció, de forma incorrecta, con el relativismo que se vivía en aquella época. La prensa, y hasta teóricos de otras disciplinas, la vincularon a la negación que surgía sobre lo objetivo y absoluto de los valores morales y la verdad.

Uno de esos casos surgió cuando, en 1921, el estadista británico lord Richard Haldane publicó un libro donde utilizaba la teoría del físico para fundamentar por qué los dogmas eran perjudiciales para una sociedad dinámica y cómo esto tendría profundas consecuencias en la teología, lo que preocupó a un sector del arzobispado inglés. Sin embargo, ese mismo año, Einstein fue invitado por el propio Haldane a Inglaterra donde se le preguntó qué ramificaciones tenía en la religión la teoría de la relatividad, y este fue tajante: «ninguna», respondió, «la relatividad es una materia puramente científica y no tiene nada que ver con la religión».

**Cuando uno vive inmerso en un océano de halagos es fácil perder de vista la orilla y ahogarse.**

Como si de una partida de ajedrez se tratara, el científico debía analizar las consecuencias de cada uno de sus posibles movimientos antes de llevar a cabo cualquier jugada. Si bien la fama le aseguró libertad y financiamiento para continuar con sus investigaciones, el propio Einstein advertía lo fácil que era confundirse por los halagos y la construcción de una imagen pública.

De la misma forma, el físico detectó que muchos acercamientos a su persona —si no la mayoría— eran motivados por su popularidad antes que por un genuino interés en él o sus ideas. Cuando en 1921 fue invitado por la Organización Mundial Sionista a viajar a Estados Unidos, él sabía que lo buscaban por su poder de convocatoria con el objetivo de recaudar fondos para la Universidad Hebrea.

Consciente de la indefensión que tenía frente a ese *alter ego* construido en el imaginario popular, Einstein no trató de luchar contra él. Por el contrario, lo evidenció siempre que pudo, a veces desde la crítica y otras, desde el humor. En 1930, por ejemplo, durante una cena en su honor, el reconocido dramaturgo inglés, Bernard Shaw, señaló que «Napoleón y otros grandes hombres de su clase fueron hacedores de imperios. Pero hay un orden de hombres que van más allá de esto; ellos no son hacedores de imperios, sino hacedores de universos». El inglés señaló a Einstein como uno de ellos; luego, le tocó al físico pronunciarse, este le agradeció a Shaw por «las inolvidables palabras» que dirigió a su «homónimo mitológico, que me hace tan pesada la vida, pero que, con toda su enorme magnitud, en el fondo es un individuo inofensivo».

Así, el científico dejaba en claro que él y el «Einstein público» no eran la misma persona.

Cuando uno vive inmerso en un océano de halagos es fácil perder de vista la orilla y ahogarse, pero él trató de no extraviar el rumbo; no sabemos si lo consiguió. Lo que el científico nunca dejó de hacer fue responder cartas, recibir a la prensa, asistir a eventos, dar discursos, y aceptar invitaciones y viajes. Ponerlo en un pedestal y señalar que la atención generalizada que recibía no constituía un mimo a su ego sería, precisamente, ir en contra de lo que él mismo señalaba al decir lo injusto que le parecía atribuirles «fuerzas espirituales y facultades sobrehumanas» a las personas que recibían admiración por parte de la sociedad. Por algo él mismo señalaba que existía una diferencia enorme entre todo lo que el imaginario colectivo le atribuía a su persona y quien era en realidad. Solo él sabía lo que esta extrema notoriedad hacía en él.

Incapaz de cambiar las circunstancias, el físico pudo encontrar un premio de consuelo en toda esta situación. Tras el viaje a Estados Unidos, en 1921, donde 15 000 personas lo recibieron en el puerto de Nueva York y fue tratado como una superestrella tanto en la Gran Manzana como en Washington, Boston y Chicago, Einstein escribió un texto sobre sus primeras impresiones de Norteamérica. Allí señaló que «regocijo el que en una época tan acabadamente materialista se conviertan en héroes a hombres cuyos únicos objetivos están en lo intelectual y en lo moral. Eso demuestra que, para una gran mayoría, las nociones de conocimiento y de justicia prevalecen sobre las de poder y posesión».

Einstein usó el pedestal y el altavoz que le habían sido dados para abogar por las causas que consideró justas a lo largo de su vida. «¿Qué mejor uso podría darle una persona a su nombre que el hablar en público de vez en cuando si lo considera necesario?», reflexionó un año antes de morir. La democracia, la libertad de expresión, el respeto a los derechos civiles y la colaboración internacional fueron algunas de las banderas que defendió con ahínco. También la creación de un estado para el pueblo judío.

Hoy no hace falta ser el científico más famoso de la humanidad para contar con una plataforma donde defender nuestras opiniones, tampoco es necesario ganar el Premio Nobel para que nuestras vidas queden expuestas en un escaparate. Los curiosos no se ven obligados a acampar afuera; somos nosotros mismos quienes de forma voluntaria les abrimos la puerta a los demás a través de nuestras redes sociales. Así, pues, haríamos bien en recordar que no todo lo que vemos o leemos es real. Si Einstein aceptó la existencia de un «yo público» y un «yo privado», ¿quiénes somos nosotros para negarlo?

**«COMO EL HOMBRE DE LAS FÁBULAS QUE TODO LO QUE TOCABA LO CONVERTÍA EN ORO, CONMIGO TODO ES CONVERTIDO EN NOTICIA DE PRIMERA PLANA».**

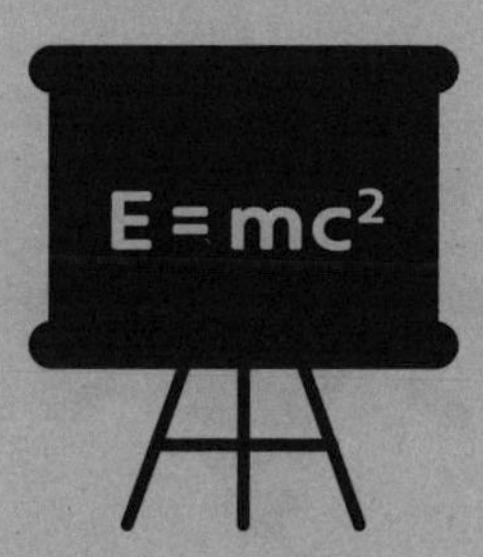
E = mc²

**«SI QUIERES VIVIR UNA VIDA FELIZ, ÁTALA A UNA META, NO A PERSONAS U OBJETOS».**

# CON DINERO Y SIN DINERO

## LECCIÓN 7

El dinero, junto con la política y la religión, suele estar entre los temas considerados «de mal gusto» para tratar en las conversaciones y reuniones sociales. Sin embargo, el dinero fue un tema recurrente y, de alguna manera, contradictorio en la vida del científico. Tanto cuando no lo tuvo como cuando sí.

Mientras crecía, vio cómo los negocios de sus padres se hacían, deshacían y rehacían un millón de veces. De tener una vida acomodada en Múnich, pasaron a vivir en Italia y depender de la caridad familiar. Emprendimientos, préstamos, éxitos, crisis, bancarrota y de nuevo volver a empezar. Hermann y Pauline Einstein lo atravesaron todo y junto con ellos sus hijos, Albert y Maja. Los altibajos financieros padecidos por sus padres, que llegaron a afectar tanto la salud de Hermann, marcaron al futuro hombre de ciencia.

Ya de joven mostraba un desdén por la particular ostentación de la vida burguesa. Se oponía a lo que se esperaba de un joven «de bien»; prefería el carácter bohemio que acompañó su vida académica, donde trabajar en ciencia y formar parte de debates intelectuales en cafeterías era más significativo que equipar la casa con muebles finos. Cuando todavía era novio de Mileva Maric, le escribió comentándole sobre lo que esperaba una vez que se hubieran casado: harían trabajo científico juntos para no convertirse en «viejos burgueses». Serían ella y él contra el resto del mundo y sus convenciones.

El matrimonio duró poco, pero Einstein mantuvo esa idea sobre la pesadez propia de una pareja que baila al compás del convencionalismo mientras recibe invitados a tomar el té, acude a cenas elegantes y participa de galas benéficas. Años después, al hablar sobre compromiso con Elsa, la que se convertiría en su segunda esposa, le dijo: «¡No tiene usted idea de lo encantadora que sería una vida con muy pocas necesidades y sin grandezas!».

Y no es que al físico no le preocupara el dinero, todo lo contrario. Cuando Mileva quedó embarazada, Albert buscó de forma desesperada un trabajo que les permitiera casarse y hacerse cargo de su primera hija. Más adelante, ya habiéndose casado con Mileva, cuando su sueldo de la Oficina de Patentes no alcanzaba para pagar las cuentas, el físico lo reforzó dando clases como profesor particular. No, Einstein no despreciaba el dinero; lo que él aborrecía era la ostentación y la creencia de que sentirse realizado en la vida equivalía a cuánto se ganaba o cuánto se tenía. Incluso inventó un término para describir el hecho de perseguir la comodidad financiera y la felicidad como fines en sí mismos: «el ideal de la pocilga».

Albert no le encontraba sentido a perseguir el objetivo o el significado de la propia existencia, pero si lo obligaban a enumerar los ideales que lo habían iluminado a lo largo de su vida, antes que la búsqueda de dinero o de felicidad, al físico lo inspiraban la bondad, la belleza y la verdad.

Para él, la plenitud de la vida se la otorgaba el sentimiento de comunidad que logró alcanzar con hombres de mentalidad similar a la suya, mientras se enfocaba en tratar de descifrar metas inalcanzables en el arte y la ciencia. Así, «los objetivos triviales de los esfuerzos humanos (posesiones, éxito público, lujo) me han parecido despreciables», escribió en 1930 en un artículo titulado «El mundo tal como yo lo veo».

**«EL DINERO NO LLEVA MÁS QUE AL EGOÍSMO, Y CONDUCE IRREMEDIABLEMENTE AL ABUSO».**

Pero ¿qué tanto más fácil es para alguien decir que el dinero, el éxito y el reconocimiento no importan cuando ya goza de ellos? No nos engañemos, por supuesto que cuesta mucho menos rechazar una invitación a comer cuando ya se tiene la barriga llena. No es que Einstein estuviera en contra del dinero en sí mismo ni que romantizara la pobreza. El científico se oponía a la organización social según el éxito económico de las personas: mientras más posees, más valor para la sociedad tienes.

Estaba en desacuerdo con otorgar la categoría de «triunfadoras» a personas que reciben mucho más de lo que les corresponde por el servicio que brindan a la comunidad. Por el contrario, consideraba que el éxito debe medirse por lo que la persona aporta a la sociedad, antes que por lo que acumula. Para él, «la motivación más importante del trabajo, en la escuela y en la vida, es el placer que otorga el trabajo mismo, el placer que proporcionan sus resultados y la certeza del valor que tienen estos para la comunidad». Encontrar propósito en lo que hacemos —sea a través de nuestra carrera o por fuera de ella— es, según el físico, el camino a seguir.

En su caso, tenía muy claro que su propósito pasaba por tratar de entender, dentro de los límites de su propia capacidad, cuál era la naturaleza del universo y cómo este funcionaba. El científico sabía que no podría desentrañar todos los misterios del cosmos, pero intentarlo y ver, aunque sea «la cola del león» significaba para él alcanzar la plenitud.

Recorrer la ruta del propósito es también transitar el camino hacia la libertad. El no atar nuestro desarrollo personal o nuestro valor propio a los bienes acumulados, ni a las expectativas de los demás, nos da la posibilidad de ir hacia la plenitud por cuenta propia. «Soy feliz porque no quiero nada de nadie», le dijo Einstein al periodista George Sylvester Viereck en 1929 al hablar sobre el poder, la fama y el éxito, «no me importa el dinero. Las condecoraciones, títulos o distinciones no significan nada para mí. No anhelo elogios. Lo único que me da placer, aparte de mi trabajo, mi violín y mi velero, es el aprecio de mis colegas».

Resulta evidente que el científico tampoco era un monje tibetano que renunció a los placeres terrenales ni se mudó a un templo en medio de los Himalayas. Llevaba una vida frugal, pero tampoco en extremo austera. Tenía lo que consideraba necesario para su felicidad. Ni más ni menos. Amaba navegar y lo hacía en un pequeño velero, no en una embarcación de sesenta pies. También disfrutaba de tocar música y la interpretaba en un sencillo violín. Cuando en una oportunidad un amigo le regaló un instrumento de mejor calidad, el profesor protestó señalando que era demasiado para él. Consideraba a la ostentación y al consumo desmedido como los enemigos de la belleza y la bondad.

Con los años, su indiferencia hacia el dinero y las apariencias solo se acrecentó. Casi nunca llevaba efectivo consigo. En una ocasión, mientras vivía en Suiza, invitó a un grupo de amigos a cenar y al momento de pagar la cuenta se percató de que no tenía con qué. Un ayudante debió deslizarle un billete de cien francos por debajo de la mesa.

Einstein tampoco trastabilló en cuanto al manejo de su reputación laboral. Existieron algunos aspectos que consideró no negociables incluso aunque le pagaran millones. ¡Y sí que se los habían ofrecido! A lo largo de su vida recibió jugosas propuestas de patrocinio: marcas de tabaco, relojes y hasta una firma de productos para el cabello quisieron que el científico más famoso del mundo fuera su imagen. Siempre se negó. El fotógrafo de Princeton, que lo retrató en innumerables ocasiones, contaba cómo el profesor usaba como marcador de libros un jugoso cheque que una compañía le había enviado con la intención de convertirlo en su consultor. El físico no aceptó y el cheque marcó páginas hasta que el libro se perdió. «Me niego a ganar dinero con mi ciencia. Mi laurel no está a la venta como tantos fardos de algodón», dijo Einstein cuando le ofrecieron publicar un libro comercial sobre su vida y sus teorías. Si se trataba de hacer dinero por hacer, la respuesta fue siempre «no».

**«...Lo único que me da placer, aparte de mi trabajo, mi violín y mi velero, es el aprecio de mis colegas».**

Eso sí, no tuvo problemas en utilizar su influencia para apoyar causas en las que sí estuviera involucrado. El profesor colaboró con recaudar fondos para una futura universidad hebrea y otras causas en favor de los derechos civiles en Estados Unidos. Incluso vendió algunos manuscritos de sus teorías para apoyar el esfuerzo bélico de ese país durante la Segunda Guerra Mundial.

Elsa también encontró una manera de sacarle provecho a la fama de Einstein. La mujer cobraba un dólar y cuatro dólares, respectivamente, por cada autógrafo y fotografía que se le pedía a su esposo. Lo recaudado era donado a instituciones infantiles a beneficio. La constante era recaudar para apoyar a otros y no a sí mismos.

Es poco probable que nos ofrezcan millones por poner nuestra imagen en alguna publicidad, y cada quien juzgará si acepta o no. El científico rechazó estas ofertas por considerarlas alejadas de sus principios y valores. Todos tenemos límites, pero no todos sabemos hacerlos respetar. A pesar de tener la oportunidad de llenarse los bolsillos, Einstein —con sus pelos locos y usando zapatos sin calcetines— proclamó que la vida era más que juntar moneditas y que el éxito no se mide por cuánto dinero tienes en la cuenta.

**«EL VALOR DE UN HOMBRE DEBERÍA JUZGARSE EN FUNCIÓN DE LO QUE DA Y NO DE LO QUE ES CAPAZ DE RECIBIR».**

$E = mc^2$

**«SOLO EL INDIVIDUO AISLADO PUEDE PENSAR».**

# HAZ COMO SI VIVIERAS EN MARTE

## LECCIÓN 8

Hasta la persona más famosa del mundo puede sentirse sola. Y, en el caso de Einstein, lo prefería así. Sus largos paseos por los parques de Princeton, las interminables jornadas encerrado en su estudio y hasta sus pocas ganas de jugar con otros niños cuando apenas tenía 5 o 6 años fueron señales inequívocas de que su compañero predilecto siempre fue él mismo.

Nunca tuvo problema en decirlo: «Soy un auténtico solitario», escribió en *Mi visión del mundo*, «nunca pertenecí del todo al Estado, a la Patria, al círculo de amigos ni aun a la familia más cercana. Si siempre fui algo extraño a esos círculos es porque la necesidad de soledad ha ido creciendo con los años».

Desde que tuvo memoria, Einstein se sintió cómodo con su propia compañía. Según su hermana, cuando era apenas un bebé se entretenía jugando consigo mismo por horas; luego, al crecer, cuando el jardín de la casa de sus padres en Múnich se desbordaba de niños, hijos de familiares y amigos, Albert rara vez participaba en los bulliciosos juegos infantiles; prefería construir casas de naipes o resolver acertijos matemáticos. Tampoco en su adolescencia sintió la necesidad de pertenecer a un grupo de amigos con los cuales explorar y descubrir la ciudad y sus secretos.

«Cuando niño y cuando joven, anhelaba que lo dejaran solo», escribió su amigo y compañero, Leopold Infeld, en la introducción que acompaña al libro *Este es mi pueblo* de Einstein. «La vida ideal era, para él, la menos perturbada por las interferencias del mundo exterior», agregó. ¿Cómo, si no, llegaría a sugerir que trabajar como guardián de faro sería el puesto ideal para un físico teórico o un académico reflexivo? Imaginar al silencio y la soledad como únicos compañeros de su mente era, en definitiva, una idea seductora. Y es que, para él, la reflexión profunda nacía únicamente en la soledad.

Lo más cercano a trabajar en un faro que Einstein consiguió fue, sin embargo, su puesto en la Oficina de Patentes de Berna. Aunque por vecinos tenía edificios, y no peñascos, fue allí donde el físico encontró un espacio en el que, sin interrupciones, podía dar rienda suelta a sus propias reflexiones. De las ocho horas laborales, dedicaba la mañana a resolver todo lo vinculado a las patentes, y ya con el trabajo de la jornada terminado de forma anticipada, pasaba la tarde abstraído en sus cálculos y meditaciones.

Producto de aquellas intensas horas de abstracción nacieron los cuatro artículos que Einstein publicó en 1905, su *annus mirabilis*, que revolucionaría la comprensión científica. Fue una coincidencia que casi 240 años antes, otra mente brillante también había comprobado cómo el aislamiento podía convertirse en un fertilizante extraordinario para germinar grandes ideas. Y es que fue Isaac Newton el que, al pasar 18 meses confinado huyendo de la peste, tuvo su propio *annus mirabilis* en 1666. Sin obligaciones académicas por el cierre de la Universidad de Cambridge y recluido en su casa materna en Woolsthorpe, el físico y matemático inglés descubrió la ley de la gravitación universal, postuló que la luz debía estar compuesta de partículas y desarrolló el cálculo integral.

Gracias a su simpatía por la soledad, Einstein no solo obtuvo un espacio propicio para la reflexión, también desarrolló un sentido de independencia que le sería útil el resto de su vida. ¿Se habría opuesto a doscientos años de pensamiento científico si le hubiera importado demasiado la opinión de los demás? Cuando desarrolló su teoría de la relatividad, Newton no solo era el fundador de la ciencia moderna, sino que había alcanzado prácticamente un estatus de divinidad entre los pensadores de la época. Lo propuesto por Einstein iba en la dirección opuesta, y contradecir más de dos siglos de pensamiento científico en aquel tiempo era considerado casi una herejía. El hecho de que «el hereje» fuera un desconocido empleado de la Oficina de Patentes de Berna sin contactos o conexiones en la comunidad de físicos solo empeoraba el panorama.

Pero esto poco le importó. Al no tener una imperiosa necesidad por agradar o estar en buenos términos con nadie, su autonomía se hacía cada vez más fuerte. El físico decía que los límites en las relaciones con los demás se descubren a través de la experiencia; sin embargo, en esa soledad no todo es pérdida. Esa separación, en cambio, permite la independencia de pensamiento frente a juicios y opiniones ajenas y evita que se mantengan falsos equilibrios incuestionables.

Allí, solo, en su despacho del tercer piso de la Oficina de Patentes, Einstein se dedicó, entonces, a pensar en el universo sin guiarse por lo que opinaba la mayoría de sus colegas ni lo que diría el mismísimo Isaac Newton, su propio referente en las ciencias. Trabajó en solitario con la independencia que eso otorga. Eso sí, cuando se enfrentó a uno que otro bloqueo, también descubrió que el diálogo justo con alguna voz exterior, como la de su esposa Mileva y otros colegas, podía aportar cosas interesantes al proceso. Valoraba el aislarse para pensar, pero tampoco fue un ermitaño ni social ni científicamente. En 1905 sus revolucionarios artículos vieron la luz y pocos años después vendrían la fama y la polémica.

Cuando en 1921 arribó como estudiante a Berlín, se vivía una fuerte campaña «antiEinstein» en la Alemania de la posguerra. Carteles que anunciaban conferencias en contra de la teoría de la relatividad empapelaban la ciudad y los diarios conservadores utilizaban sus editoriales para atacar las ideas del científico. «Si cree en su teoría, que conteste nuestros argumentos. Seremos justos y publicaremos su respuesta», decían. A Einstein esto no le movió ni uno solo de sus plateados y rebeldes cabellos.

**Trabajó en solitario con la independencia que eso otorga.**

Infeld incluso recuerda una oportunidad en la que, para saciar su propia curiosidad, decidió asistir a uno de estos eventos de crítica en Berlín. Sorprendido, descubrió que ¡Einstein también estaba allí! Sentado en un palco, el físico había escuchado las intervenciones de los dos oradores que buscaban defenestrar su teoría de la relatividad. El amigo de Einstein veía que el científico se la pasaba muy bien, sonreía, discutía y era el centro de atención de la reunión.

¿Cuál fue la fórmula del genio para que las opiniones ajenas no le hicieran ni cosquillas? Puede que la respuesta se encuentre en su correspondencia. En 1933, tras recibir una carta de un músico desempleado y descorazonado en busca de consejo, el físico le respondió con una serie de recomendaciones que lo harían «un hombre alegre» sin que «nada pueda molestarle». Encabezaban la lista el no leer los periódicos y encontrar unos pocos amigos que pensaran de manera similar a uno. Luego sugería leer a autores como Kant, Goethe y Lessing, así como otros clásicos de la literatura mundial; había que disfrutar del paisaje, del contacto con la naturaleza y entablar amistad con algún animal. Para cerrar, sugirió un particular ejercicio mental: «hazte creer todo el tiempo que estás viviendo, por así decirlo, en Marte, entre criaturas alienígenas».

Así, con esta apología de la soledad, Einstein se permitía restar preponderancia a las opiniones ajenas y proveerse una existencia menos amargada y más libre; aunque el ver como marcianos al resto del mundo no sirva de consejo para todos, e incluso ni él mismo lo siguiera al pie de la letra.

**«SOY CABALLO PARA UN SOLO RECADO, NO ESTOY HECHO PARA EL TÁNDEM NI EL TRABAJO EN EQUIPO».**

E = mc²

**«LA SALUD DE LA SOCIEDAD DEPENDE, PUES, TANTO DE LA INDEPENDENCIA DE LOS INDIVIDUOS QUE LA FORMAN COMO DE SU ÍNTIMA COHESIÓN SOCIAL».**

# EL *YO* COLECTIVO

## LECCIÓN 9

No hay duda de que Einstein era un lobo solitario de la ciencia; sin embargo, también es cierto que, aunque prefería «cazar» por su cuenta, no dejaba de ser consciente de su pertenencia a una manada. Y es que, en definitiva, el padre de la Teoría de la Relatividad era un «yo» que se desvivía pensando en el «todos». De hecho, la idea de que el conocimiento no se construye de manera individual, sino que se inspira y fundamenta en una herencia social, fue un tema recurrente en sus discusiones, discursos y escritos a lo largo de gran parte de su vida.

A pesar de considerarse un «solitario», y no dar mayor preponderancia a las relaciones personales en su vida íntima, para él era imposible pensarse como un individuo totalmente ajeno al fuero social, a la herencia de una comunidad y a la construcción conjunta de la historia. Así pues, defendía el concepto de que la ciencia, y la vida en general, eran una empresa colectiva. Nos alimentamos, nos vestimos y dormimos como lo hacemos por aquello que otros han producido, confeccionado y construido. Y hasta somos capaces de leer estas líneas gracias al lenguaje que desarrollaron quienes estuvieron aquí antes que nosotros.

Valorar que somos parte de un colectivo y que le debemos en buena medida nuestra existencia fue una idea que el científico impulsó. Decía que vivir en sociedad, y todo lo que esto significa, fue lo que permitió nuestra evolución por encima del resto de los animales. «El individuo es lo que es y tiene la importancia que tiene no tanto en virtud de su individualidad como en virtud de su condición de miembro de una gran comunidad humana, que dirige su existencia espiritual y material de la cuna al sepulcro», escribió en la revista *Living Philosophies*, en 1934.

Por supuesto, el conocimiento científico no escapa a esta red interconectada de esfuerzos y logros que forman la base del progreso de la humanidad. A Einstein esto le inspiraba tanto un sentimiento de gratitud como un sentido de compromiso y obligación. «Me recuerdo a mí mismo cien veces al día que mi vida interior y mi vida exterior se apoyan en los trabajos de otros hombres, vivos y muertos, y que debo esforzarme para dar en la misma medida en que he recibido y aún sigo recibiendo», escribió el científico en 1930. A fin de cuentas, el progreso científico se cimenta, ladrillo a ladrillo, con lo que aporta cada individuo, generación tras generación.

Einstein se convirtió en un personaje de fama mundial cuando una expedición a la Isla de Príncipe en África en 1919 pudo comprobar la desviación de los rayos de luz durante un eclipse solar y, en consecuencia, demostrar que la teoría de la relatividad general era correcta. Pero antes que profundizar en el contenido de la teoría y discutirla, la prensa se enfocó en cómo el físico había destronado a Newton. Al profesor esto no le gustó. «Yo construyo sobre Newton, no lo anulo», le dijo a un periodista italiano en 1920. Esto porque, aunque su teoría de la relatividad fue considerada una ruptura con lo que señalaba el científico inglés, difícilmente Einstein hubiera podido llegar adonde lo hizo, si quienes estuvieron antes que él —Isaac Newton incluido— no recorrían el camino andado.

**...mi vida interior y mi vida exterior se apoyan en los trabajos de otros hombres, vivos y muertos...**

**«EL AUTÉNTICO VALOR DE UN SER HUMANO DEPENDE, EN PRINCIPIO, DE EN QUÉ MEDIDA Y EN QUÉ SENTIDO HAYA LOGRADO LIBERARSE DEL YO».**

De la misma manera, muchas de las cosas que el científico planteó en sus propios trabajos dieron paso a que se desarrollara parte de la física actual e, incluso, a que aparecieran aplicaciones prácticas que hacen a la vida tal cual la conocemos hoy. Einstein no inventó el GPS, pero sin su teoría de la relatividad especial, por ejemplo, no habría sido posible desarrollarse cuando se hizo. Lo mismo con los celulares, los satélites, los láseres, los páneles solares y, por supuesto, la energía nuclear. No podemos ser hoy sin el ayer, ya que somos la suma de los que fueron. Valorar esa herencia y seguir contribuyendo a su desarrollo es por lo que el físico abogó. De tal modo, tampoco podemos afirmar que sin los descubrimientos de Einstein la ciencia y la tecnología —como las conocemos hoy— serían imposibles. Quizás no se habrían dado de la misma manera o en el mismo tiempo; y, tal vez, otra sería la ruta y otro el resultado.

Einstein defendió el cultivo de la semilla de la construcción social y el sentido de pertenencia entre los individuos, sería erróneo decir que el profesor impulsó esta idea en contraposición al desarrollo individual de las personas. Todo lo contrario: él planteó una simbiosis. La existencia del individuo creador es necesaria para germinar la comunidad y viceversa. Así lo expresó, también en su ensayo en la revista *Living Philosophies*, cuando escribió que «sin personalidades creadoras capaces de pensar y crear con independencia, el progreso de la sociedad es tan inconcebible como la evolución de la personalidad individual sin el suelo nutritivo de la comunidad». Para él, que defendió con perseverancia el desarrollo del pensamiento crítico a través de la educación, no podía ser de otra manera. Antes que convertir a las personas en un simple instrumento de la comunidad, como uno más del montón, Einstein creía en formar individuos que puedan actuar y pensar de forma independiente y que, a la vez, consideren «su interés vital más importante: el servir a la comunidad».

Pero ¿cómo hacerlo? ¿Significa esto que debemos convertirnos en genios o superdotados para poder hacer aportes gigantescos e inconmensurables a la humanidad? Imposible. Al reflexionar sobre la existencia propia, Einstein sostenía que el contacto con la realidad cotidiana es la que nos ofrece la respuesta acerca del propósito de cada uno de nosotros: «uno existe para otras personas». No importa si se es físico, cocinero, empresario, escritor o paseador de perros. En primera instancia, decía el premio nobel, uno existe para aquellos con quienes comparte la vida y cuyo bienestar está entrelazado intensamente con el nuestro; y en segundo lugar, para todos aquellos a quienes no conocemos de forma directa pero a los que, por afinidad, estamos ligados aun sin saberlo. Por ejemplo, la comunidad científica de la que heredó el conocimiento el propio Einstein. De modo irrevocable recibimos todo aquello —bueno o malo— que se construyó de forma previa; nuestro punto de partida es el punto de llegada de aquellos que estuvieron antes que nosotros.

Desarrollarse también exige cooperar con tus contemporáneos. O, por lo menos, estar abierto al intercambio y al aprendizaje en colaboración. Puede que en el laboratorio Einstein prefiriera trabajar solo o con algunos pocos colaboradores, pero la discusión científica siempre formó parte de su experiencia. Lo hizo desde el principio de su carrera hasta el final. Recién graduado, en cartas a su primera esposa, Mileva Maric, le comentaba qué autores estaba leyendo, qué teorías exploraba, cómo iba avanzando con su trabajo científico y qué desafíos iba encontrándose en el camino. Mileva fue, sin duda, una de sus principales interlocutoras y apoyos en sus primeras teorías. De hecho, se mantiene la polémica sobre su coautoría en dichas teorías, que pudo no haberse atribuido por las condiciones de desigualdad en la vida académica de las mujeres en esa época.

Más adelante, el premio nobel trabajó con alguno que otro físico, pero en su mayoría con matemáticos que colaboraban con los cálculos más complejos de sus teorías. Marcel Grossmann, su amigo, y a quien agradeció en su publicación de la Teoría General de la Relatividad, fue uno de ellos. Pero, más allá de no trabajar mano a mano con otros profesionales en el quehacer diario, tuvo infinidad de intercambios con otros científicos. El flujo de la correspondencia de Einstein era tal que iba más acorde con los volúmenes que se manejan hoy, en los tiempos del correo electrónico, que a los que se acostumbraba a enviar en la época de las cartas por correo postal. Las cartas eran espacios de intercambio y arduos debates con, por ejemplo, los físicos Hendrik Lorentz, Max Planck, Erwin Schrödinger y Niels Bohr, todos referentes de la física teórica o cuántica y ganadores del Premio Nobel. Sin embargo, Einstein no limitó sus debates únicamente a su propio campo de trabajo. Se carteaba con eminencias intelectuales de diversas ramas como el político Mahatma Gandhi, el psicoanalista Sigmund Freud, la química Marie Curie, el filósofo Bertrand Russell y el poeta Rabindranath Tagore.

**«Así es como nosotros, los mortales, alcanzamos la inmortalidad en las cosas permanentes que creamos en común».**

El físico entendía que en la cooperación estaba la clave para el futuro de la humanidad. Cuando se declaró la Primera Guerra Mundial, 93 intelectuales alemanes firmaron un manifiesto defendiendo la postura germánica en la guerra. Por el contrario, Einstein fue uno de los tres intelectuales alemanes que firmó otro manifiesto en respuesta al primero donde se oponía a la guerra y llamaba a construir una cooperación europea a favor de la cultura y el desarrollo.

Más adelante, unos años antes de mudarse a Estados Unidos, dio un discurso en una escuela de Berlín en el cual también evidenció el valor que le daba a la cooperación y la construcción comunitaria. Al dirigirse a los niños les pedía no olvidar que todo aquello que aprendían en el aula era obra del trabajo de las generaciones que habitaron la tierra antes que ellos. Este conocimiento, les decía, se depositaba en sus manos no solo para que lo recibieran y lo honraran, sino también para aumentarlo y transmitirlo a las siguientes generaciones. No importaba la nacionalidad, el color de la piel, la religión ni otras diferencias. El científico sostenía que se trataba de un legado universal del que todos somos herederos y con el cual todos tenemos una responsabilidad. «Así es como nosotros, los mortales, alcanzamos la inmortalidad en las cosas permanentes que creamos en común. Si nunca olvidan esto, hallarán un sentido a la vida y al trabajo, y adoptarán la actitud más correcta hacia otras naciones y otras épocas», les dijo.

La idea de legado, de permanencia a través de lo que dejamos en el mundo, fue algo que Einstein también exploró. La propia muerte nunca le generó demasiadas dudas o preocupaciones. Racional, como era, decía que pensar con terror sobre la llegada de aquel día final no tenía mucho sentido, pues ni aquellos que ya fallecieron ni aquellos que aún no han nacido pueden sufrir algún accidente.

El final de la vida no le generaba mayores cuestionamientos. Cuando le ofrecieron operarlo para contrarrestar la ruptura de su aorta abdominal, días antes de su muerte, el científico se negó. No creía en la prolongación de la vida de manera artificial. Quienes compartieron con él aquellas últimas jornadas recuerdan que, cuando los medicamentos lograban controlar su dolor, se manejaba como cualquier otro día. Mantuvo el buen humor y la tranquilidad: conversaba, escribía, calculaba y hasta los consolaba.

Para Einstein el fin no era tal. Una carta de 1926 que le escribió a la viuda del físico y también ganador del Premio Nobel, Heike Kamerlingh Onnes, evidencia su perspectiva al respecto. «Nuestra muerte no es un final si seguimos viviendo en nuestros hijos y las generaciones más jóvenes. Porque ellos son nosotros; nuestros cuerpos son solo hojas marchitas en el árbol de la vida», le escribió en aquella oportunidad.

El profesor tenía la certeza de que era posible permanecer y vivir más allá de la desaparición física a través de la herencia social.

Y tuvo razón. Einstein murió la madrugada del 18 de abril de 1955 y, aunque su cuerpo se apagó aquel lunes, su esencia no desapareció. Aún hoy, casi setenta años después, su legado se mantiene intacto y su figura permanece entre nosotros. Como él lo anticipó años antes en aquel mensaje a los niños en Berlín, su trabajo por crear algo en común lo llevó a alcanzar la inmortalidad. A fin de cuentas, el progreso humano es un esfuerzo colectivo y para trascender no hace falta ser un genio o un superdotado.

Reconocer la importancia de la colaboración, fomentar el respeto por los logros pasados y asumir la responsabilidad compartida para el avance de la sociedad son los ladrillos que todos aportamos a esta construcción colectiva que llamamos humanidad.

«EL CONOCIMIENTO EXISTE EN DOS FORMAS: INERTE Y SIN VIDA, ALMACENADO EN LIBROS; Y VIVO, EN LA CONCIENCIA DE LOS SERES HUMANOS. ESTA SEGUNDA FORMA DE EXISTENCIA ES SIN DUDA LA BÁSICA».

E = mc²

**«LA RAZA ES UN FRAUDE. TODA LA GENTE MODERNA ES UN CONGLOMERADO DE TANTAS MEZCLAS ÉTNICAS QUE NINGUNA RAZA PURA PERMANECE».**

# HISTORIA DE INHUMANIDAD

## LECCIÓN 10

Einstein es conocido por ser el científico más popular del siglo XX, pero su popularidad no se limitaba al ámbito científico. Los medios de comunicación le preguntaban su opinión sobre todos los temas y esto le dio una plataforma para dirigir mensajes a las grandes masas. Su voz tenía influencia y él la utilizó para hablar de la democracia, la paz, la libertad y, en especial, sobre la exclusión, pues entre las muchas batallas que le tocó pelear, la discriminación fue una que lo golpeó de cerca.

Einstein supo lo que era ser diferente. Fue un judío en la Alemania nazi. No obstante, el físico no se consideró a sí mismo como tal hasta entrado en la adultez. Aunque nació en una familia judía, sus padres no eran religiosos ni seguían las costumbres de su credo. Es más, cuando cumplió 6 años, los Einstein no dudaron en enviarlo a una escuela católica, ya que en el barrio no existía ninguna judía.

Su adhesión a este grupo no vino ni siquiera de la mano de la religión o las costumbres: nació como un acto de solidaridad. Frente a la discriminación que sufría el pueblo judío por una creciente corriente antisemítica en Alemania, Einstein tomó partido por ellos, un grupo del que formaba parte por herencia y no por creencia. Cuando se mudó de Zúrich a Berlín, pudo ver que a los judíos no se les permitía estudiar de la misma manera que a los alemanes ni vivir de forma segura. Él mismo fue objeto de ataques: sus trabajos eran calificados de «ciencia judía», se financiaban eventos para denunciar sus teorías y, en 1931, hasta se publicó un libro, *Cien autores contra Einstein,* que buscaba desacreditarlo.

Pronto, la situación de los judíos en Alemania se tornó insostenible. Ni siquiera alguien «visible» como él estaba a salvo. De nada servía haber ganado un Premio Nobel o que prácticamente cualquier persona en Europa, adulto o niño, fuera capaz de reconocer su rostro; el científico, y millones de judíos más, corrían peligro.

En diciembre de 1932 viajó a Estados Unidos a cumplir con su compromiso como profesor invitado durante la temporada de invierno del California Institute of Technology, en Pasadena. Mientras tanto, en Alemania, el 30 de enero de 1933, Hitler era nombrado canciller. Para marzo el político ya ostentaba poderes dictatoriales. Aunque los Einstein retornaron a Europa, entendieron que no podían volver a Berlín.

Bajo la protección del rey Alberto de Bélgica se refugiaron en un pequeño pueblo, Le Coq-sur-Mer. Mientras tanto, su departamento en Berlín y su casa de veraneo en Caputh fueron allanados y saqueados. Sus propiedades, incluyendo su amado velero, fueron confiscadas de forma ilegal. Muchos de sus trabajos fueron quemados en la hoguera. La situación solo empeoraría: en abril todos los profesores de origen judío fueron destituidos de sus puestos.

Como si todas esas acciones no hubieran sido lo suficientemente alarmantes, la peor señal llegó poco después: el régimen nazi publicó una revista con las fotografías de los llamados «enemigos del Estado». La de Einstein aparecía en portada. Debajo de su imagen se leía la frase «Aún sin ahorcar» y se ofrecía una recompensa de veinte mil marcos por su cabeza. No había vuelta atrás.

En octubre de 1933, Albert y Elsa se mudaron de manera definitiva a Estados Unidos. Aunque el científico no volvería a pisar Europa nunca más, lejos estaban de acabar sus luchas contra la discriminación.

Al llegar a Princeton, se dio de bruces con el racismo latente en Estados Unidos. Este era uno de los lugares con mayor segregación racial del norte del país. Existían colegios, tiendas e iglesias solo para ciudadanos afroamericanos, pues a los blancos les prohibían el ingreso a estos espacios. Ni siquiera la propia Universidad de Princeton aceptaba estudiantes negros.

Einstein, que conocía la discriminación de primera mano, adoptó como propia la lucha contra el racismo. Para él, tanto el antisemitismo como el maltrato a las personas negras en Estados Unidos eran parte de la «continua historia de inhumanidad del hombre». A diferencia de la mayoría de sus vecinos, el científico entabló profundas relaciones con la comunidad afroamericana de Princeton. Le gustaba pasear por aquel vecindario y compartir con sus residentes. Entre estas amistades resaltó la del actor, cantante, atleta y activista Paul Robeson. A través de él, Einstein se involucró como copresidente en la American Crusade Against Lynching (ACAL), una organización que luchó por erradicar la violencia racial y promover la legislación federal contra el linchamiento. También formó parte de la Asociación Nacional para el Progreso de la Gente de Color (NAACP, por sus siglas en inglés).

Con cada año que Einstein pasaba en Estados Unidos, más se fortalecía su compromiso con la lucha por los derechos de las minorías. En 1946, publicó en la revista *Pageant* una de sus más fuertes críticas al racismo en ese país. Allí mostraba el lado oscuro de la sociedad estadounidense al señalar que «su sentido de igualdad y dignidad humana se encuentra limitado principalmente a personas de piel blanca». Exponía que, como judío, era consciente de que incluso existían prejuicios entre los propios individuos de piel blanca, pero que estos quedaban pequeños en comparación con la actitud de los blancos hacia los negros. Para el físico, la única manera de no convertirse en cómplice era hablando y denunciando. «Cuanto más americano me siento, más me duele esta situación», reflexionó.

**Einstein, que conocía la discriminación de primera mano, adoptó como propia la lucha contra el racismo.**

Einstein no solo defendió los derechos civiles de los ciudadanos estadounidenses de manera pública, también lo hizo en su esfera privada. Cuando, en 1937, una posada en Princeton se negó a hospedar a la cantante de ópera e ícono del movimiento antirracista Marian Anderson, el científico dio un paso al frente: la recibió en su casa. A partir de ese momento, todas las veces que Anderson dio un concierto en la ciudad se alojó en el número 112 de Mercer Street, en casa del físico.

Aunque Einstein sí llegó a ser testigo de cómo en 1942 los primeros alumnos afroamericanos ingresaron a Princeton y en 1954 se declaró inconstitucional la segregación escolar, la lucha por los derechos de las minorías continuó.

El científico nunca pudo identificar una «solución mágica» para acabar con la discriminación. Sí sugirió hacerle frente dando «el ejemplo con palabras y hechos» para así romper el círculo vicioso que se transmite de padres a hijos. «El prejuicio racial es parte de una tradición que se transmite acríticamente de una generación a otra. El único remedio es la ilustración y educación. Este es un proceso lento y minucioso en el que todas las personas bien pensantes deberían participar», reflexionó en 1948. Aunque escritas hace casi ochenta años, las palabras de Einstein resuenan hoy con la misma fuerza que ayer. Aún queda mucho camino por recorrer.

**«¿QUÉ PUEDE HACER EL INDIVIDUO DE BUENA VOLUNTAD PARA COMBATIR ESTE PREJUICIO PROFUNDAMENTE ARRAIGADO? DEBE TENER EL CORAJE DE ESTABLECER UN EJEMPLO CON PALABRAS Y HECHOS, Y DEBE VELAR POR QUE SUS NIÑOS NO SE VEAN INFLUENCIADOS POR PREJUICIOS RACIALES».**

$E = mc^2$

**«AYER IDOLATRADO,**
**HOY ODIADO Y ESCUPIDO,**
**MAÑANA OLVIDADO, Y**
**PASADO MAÑANA**
**ASCENDIDO A LA SANTIDAD.**
**LA ÚNICA SALVACIÓN ES EL**
**SENTIDO DEL HUMOR, Y**
**LO MANTENDREMOS**
**MIENTRAS SIGAMOS**
**RESPIRANDO».**

# EL HUMOR COMO AMORTIGUADOR

## LECCIÓN 11

Si Einstein entrara en una fiesta y lo presentaran como un tal «señor Eisenstein» del que nadie sabe absolutamente nada, de todas formas, acabaría cautivando a todos los presentes. Así de convencido estaba sobre la personalidad del físico su amigo y colega, Leopold Infeld. Para él, quien inventó este hipotético escenario para dar cuenta del carácter del científico, uno quedaría «fascinado por el brillo de sus ojos, por su timidez y delicadeza, por su delicioso sentido del humor, por el hecho de que puede transformar las trivialidades en sabiduría; sientes que ante ti hay un hombre que piensa por sí mismo», escribió. En efecto, tanto o más que sus teorías, Einstein se hizo conocido por su personalidad. ¿Qué permanece mejor grabado en el imaginario colectivo? ¿Su fórmula $E = mc^2$? ¿O su fotografía sacándole la lengua al mundo? Es difícil saberlo.

Lejos de cumplir el estereotipo del científico: rígido, frío y distante, Einstein era juguetón e ingenioso. Tímido, sí, pero con un sentido del humor que le permitió acortar distancias con los demás. Bromeaba diciendo que el perro de la familia con la que veraneaba sentía lástima por él debido a la cantidad de cartas que recibía y que, por eso, perseguía al cartero para morderlo; también equiparaba sus problemas matemáticos con los de una joven estudiante que le escribía para quejarse de sus bajas calificaciones: el físico le contestó que no se preocupara por sus dificultades con las matemáticas, «te puedo asegurar que las mías son aún mayores», añadió.

Su sentido del humor hasta le permitió ir en contra de su naturaleza científica y negar un dato irrefutable de la realidad. Para complacer a su hermana, que era vegetariana, pero amaba las salchichas, Einstein decretó que en su casa los hot dogs eran «vegetales» para que Maja pudiera comerlos sin culpa.

El humor, sin embargo, no solo acompañó al científico en los momentos agradables. También fue un salvavidas al cual aferrarse cuando la marea se tornaba brava y zarandeaba su existir. Cuando en 1922 el antisemitismo iba en sostenido aumento en Alemania, el trabajo del profesor comenzó a ser descrito de manera despectiva como «ciencia judía». El científico, que se sabía a la deriva según cómo se repartieran las cartas, no dejó de jugar con esa incertidumbre. «Si mi teoría de la relatividad es probada exitosamente», le escribió a la Sociedad Francesa de Filosofía, «Alemania me reclamará como alemán y Francia declarará que soy un ciudadano del mundo. En el caso de que mi teoría sea falsa, Francia dirá que soy alemán y Alemania declarará que soy judío».

A fin de cuentas, el humor de Einstein no era apto para los susceptibles. Muchos podrían haberse ofendido si leían una carta donde llegó a equiparar el sobrevivir al nazismo con resistir a la convivencia con dos esposas. Como recordaba su amigo y colega, Philipp Frank, las conversaciones del científico eran con frecuencia una combinación de bromas inofensivas y burlas penetrantes. Algunas personas no sabían si reírse o sentirse ofendidas y hasta llegaban a confundir su actitud con cinismo.

Pero no existía nada más lejos de la verdad. Einstein había descubierto que uno vive mejor cuando no se toma cada cosa demasiado a pecho. «Simplemente disfruto dando más, que recibiendo en todos los aspectos;

no me tomo en serio, ni a mí mismo ni a las acciones de las masas; no me avergüenzo de mis debilidades y mis vicios; y naturalmente me tomo las cosas como vienen, con ecuanimidad y buen humor».

Aquella visión de vida la desarrolló de joven al toparse con una frase del filósofo Arthur Schopenhauer (siglo XIX) que rezaba «un hombre puede hacer lo que quiere, pero no puede querer lo que quiere». Esta máxima lo marcaría para siempre. Einstein creía que la absoluta libertad del hombre, en un sentido filosófico, no existe, ya que los deseos también están determinados por nuestra naturaleza interna donde se mezclan psicología, biología y ambiente. Comprender esto —y recordárselo cada tanto— aliviaba ese sentido de la responsabilidad, ese «deber ser» que muchas veces puede ser una traba o hasta un factor paralizante. El científico tomó, entonces, el humor como herramienta para desdramatizar situaciones que, vistas a través de otra luz, podían considerarse agobiantes.

De ahí que tratara de luchar contra la fama y el camino de superestrella que había tomado su vida desde la burla hacia sí mismo. Alguna vez, ante la pregunta por su ocupación, respondió que era «un modelo para artistas» aludiendo a las decenas de pintores, escultores y fotógrafos que lo retrataban incansablemente.

Su sentido del humor también lo liberó de otras ataduras como las convenciones sociales. Pocas cosas le importaban menos que lo que pensaran de él. Con una cabellera enmarañada y un modo de vestir despreocupado —por no decir desaliñado—, el científico era consciente de que su aspecto resultaba extraño para un profesor y totalmente inadecuado para un referente político y social. Creía que bañarse dos veces a la semana era suficiente para alguien en su línea de trabajo; y una vez, cuando se volcó su bote mientras navegaba y tuvo que ser rescatado del agua, a manera de chiste pidió a los rescatistas que ese chapuzón contara como uno de sus dos baños semanales.

Como diversión, leía el libro de etiqueta social de Emily Post que era una guía, muy popular por aquel tiempo, que indicaba cómo debían comportarse hombres y mujeres para ser elegantes. Pocas cosas le causaban tanta gracia como lo que se esperaba de un «verdadero caballero». Esta lectura le parecía tan jocosa que, a pesar de estar encerrado en su cuarto en el segundo piso, su risa podía escucharse en toda la casa.

Ya en sus últimos años, en vez de convertirse en un cascarrabias como suele suceder, conservó intacto su sentido del humor. Antes de la queja, llegaba la burla ante sus dolencias, y no tenía ningún reparo en llamarse a sí mismo «vejestorio» y compararse con un «auto viejo y destartalado» en el que «algo anda mal en cada rincón». Cuando, en una oportunidad, por sus achaques se vio obligado a recibir visitas estando en cama, dijo estar siguiendo las viejas costumbres de las mujeres mayores del siglo XVIII, algo muy de moda en París por aquella época. El único problema, decía, era que él no era ni mujer ni estaban en el siglo XVIII. Se sentía mejor poniendo la situación en ridículo y generando risas en los presentes.

Poco antes de cumplir los 70, con más años detrás que por delante en su vida, Einstein pareció revelarle una de las fórmulas de la felicidad a su última novia, Johanna Fantova. «La existencia personal tiene sentido a través de la convicción del valor que tiene la propia lucha y acción», le dijo, «pero si esta convicción no se suaviza con el humor, uno se vuelve insoportable». Un aforismo que se mantiene tan vigente ayer como hoy.

Tomarse la vida con humor suele ser un consejo general y no siempre fácil de llevar a la práctica. Pero si una de las mentes más brillantes de la historia no se tomaba en serio ni a sí mismo, ¿no podríamos nosotros permitirnos el alivio de dejar atrás la rigidez excesiva y los complejos autoimpuestos? En este espacio y tiempo que compartimos, vale la pena mirarnos entre contemporáneos y, mientras remamos para construir el mundo que queremos, ¡detengámonos a morirnos de risa cada tanto!

**«NO ME TOMO DEMASIADO EN SERIO, NI A MÍ MISMO NI A LOS DEMÁS. ASÍ PUES, VEO LA VIDA CON HUMOR».**

E = mc²

**«RARA VEZ PIENSO EN PALABRAS. UN PENSAMIENTO LLEGA Y PUEDE QUE TRATE DE EXPRESARLO EN PALABRAS POSTERIORMENTE».**

# PIENSO, LUEGO EXISTO

## LECCIÓN 12

«Saludemos al nuevo Colón de la ciencia que navega solitario a través de los extraños mares del pensamiento». Con estas palabras, el rector de la Universidad de Princeton le otorgó a Albert Einstein un doctorado honorario de la casa de estudios que años después lo recibió como profesor. Era 1921 y el físico había viajado de Berlín a Estados Unidos como parte de una gira para recaudar fondos a favor de la futura Universidad de Jerusalén.



Aunque aún no había ganado el Premio Nobel, su fama ya era monumental. Era la primera vez que visitaba el país norteamericano y las personas que lo acompañaron en sus apariciones públicas en Nueva York, Washington, Chicago, Boston y Princeton se contaban por miles. Todos querían ver, escuchar y saludar a aquel hombre del que todo el mundo hablaba y al que describían como el gran genio que había derrocado a Newton y cambiado la forma en la que entendemos el universo. Por la magnitud de las multitudes, muchos —la mayoría— debieron contentarse únicamente con respirar el mismo aire que el científico.

A pesar del furor masivo por esta mente brillante, pocos eran los que, en efecto, llegaban a comprender qué rayos proponía la famosa teoría de la relatividad. A propósito de la gira estadounidense, la revista *Scientific*

*American* organizó un concurso para hacer más accesible a las personas comunes la popular teoría. Quien lograra explicar la teoría de Einstein de la forma más comprensible en solo 5 000 palabras ganaría 5 000 dólares. Se recibieron miles de propuestas y, aunque hubo un ganador, lo cierto es que ninguna de las explicaciones logró el cometido.

La exaltación alrededor de Einstein, sin embargo, no disminuyó. Ni en ese momento ni en los siguientes treinta años que vivió. Si es posible, incluso, aumentó. Ese gran enigma que era el cerebro del científico resultaba atractivo tanto para los académicos como para el público en general. ¿Cómo pensaba? ¿Cómo llegaba a las ideas revolucionarias que habían marcado un antes y un después en la física moderna? ¿Cómo funcionaban su cerebro y sus conexiones? A lo largo de los años, el profesor fue entrevistado en numerosas ocasiones por matemáticos, psicólogos, educadores, doctores y otros profesionales con la idea de descifrar su proceso de pensamiento.

**Ese gran enigma que era el cerebro del científico resultaba atractivo tanto para los académicos como para el público en general.**

¿Y cómo pensaba Einstein? Cuando sus ecuaciones y cálculos se convertían en un problema laberíntico del que parecía imposible salir, el físico se tomaba una pausa. En un inglés mal pronunciado les decía a sus asistentes «i vill a little t'ink» —refiriéndose a la frase *I will think a little* que significa «pensaré un poco»—. De inmediato reinaba el silencio y el científico arrancaba a caminar y pensar; andaba en círculos o de un lado al otro de la habitación, mientras uno de sus dedos jugueteaba con su cabello, enrollando y desenrollando uno de sus rizos, sin cesar. Esta acción repetitiva le ayudaba a enfocar la mente y concentrarse.

Sus colaboradores comentaban que, durante aquellos momentos de meditación profunda, su rostro tomaba una apariencia somnolienta; ningún rasgo de nerviosismo cambiaba su expresión. Pasaban minutos que parecían horas;

luego, como si nada, regresaba con una sonrisa y una respuesta. Sin explicar mayor detalle sobre su proceso de razonamiento, o cómo había llegado a la solución, compartía la respuesta con sus allegados.

Einstein era una persona que pensaba de manera visual. Él mismo lo dejó en claro en su propia autobiografía, cartas y entrevistas. Se daba cuenta de que el lenguaje o las palabras no intervenían en su pensamiento; en cambio, sí jugaban un rol importante algunos signos e imágenes que él iba produciendo en su mente y ensayando desenlaces. Era como si, dentro de su mente, aparecieran o convivieran muchas piezas de un rompecabezas que el físico trataba de hacer encajar. Más adelante, cuando ya era necesario explicar aquellos pensamientos, sí recurría a las palabras.

Aquel juego mental utilizado por Einstein es un recurso de la imaginación conocido como *Gedankenexperiment*, que en alemán significa, «experimento mental». Era en estos procesos donde la excepcional capacidad de visualización del científico se hacía más que evidente. Podía imaginar situaciones y verse inmerso en ellas. Por ejemplo, cuando tenía 16 años se cuestionó si la velocidad de un rayo de luz cambiaría si, en vez de mirarlo desde un punto estático, uno corriera detrás de él. ¿Disminuiría? ¿Y qué pasaría si uno estuviera «montado» sobre aquel rayo? Y si corriera a la misma velocidad que el haz, ¿la luz ya no se movería en absoluto? Estas reflexiones visuales fueron el germen a partir del cual se desarrolló la teoría de la relatividad especial.

Años después, en 1907, otro experimento mental le sirvió como punto de partida para desarrollar una teoría de la gravitación: imaginó que, si una persona caía libremente desde el techo de una casa, no sentiría su propio peso en pleno descenso. Luego aplicó esta idea a la teoría de la relatividad general.

Además de los «experimentos mentales», Einstein valoraba el «juego libre con conceptos», donde no era necesario ceñirse a una sola estructura o estrategia para avanzar en el proceso de pensamiento. Esto lo liberaba de seguir un camino lineal de la estructura lingüística, por ejemplo, y le permitía observar los problemas desde perspectivas distintas, conectando conceptos que de forma tradicional no tenían relación.

**«...la intuición no es más que el resultado de una experiencia intelectual anterior».**

Pero el elemento fundamental en el proceso de pensamiento científico para Einstein era la intuición. Él mismo aceptó que muchas de sus hipótesis y avances para descifrar sus teorías nacieron de ese «gran salto delante de la imaginación» llamado *intuición*. Cuando aquella inspiración llegaba, lo embargaba la sensación de que estaba moviéndose en la dirección correcta. ¿Era esto real? Ni él mismo podía comprobar que en efecto fuera así hasta que no ahondara en los cálculos para validar lo que pensaba. Apoyándose en las sensaciones, más que en las certezas, el científico le confesó alguna vez a Banesh Hoffman, uno de sus colaboradores, que al momento de juzgar una teoría se preguntaba a sí mismo si esa hubiera sido su forma de ordenar el mundo si él fuera Dios. Mirar el conjunto de manera sistémica e intentar ver cómo se interconectan las cosas, se parecía al orden divino.

Pero ese «sexto sentido», que Einstein llegó a describir como «una iluminación repentina, casi un éxtasis» no se trataba de un milagro caído del cielo sin pies ni cabeza. Aunque aceptaba que, en efecto, las ideas surgen de un momento a otro y de manera intuitiva, aclaró también que, para él, «la intuición no es más que el resultado de una experiencia intelectual anterior». Podría decirse que se trata de nuestra propia mente susurrando las respuestas o mostrando los caminos recorridos en viajes previos.

Es claro que Einstein disfrutaba pensar y un buen problema era su principal motor. Pero, a veces, pensar es insuficiente y la intuición no llegaba. El científico, que por lo general trabajaba en solitario, también encontró el valor para discutir y resolver problemas y estimular así el pensamiento. En 1905 lo pudo comprobar. El científico se encontraba

«EL HOMBRE DE CIENCIA DEBE REUNIR LOS DESORDENADOS DATOS DISPONIBLES Y HACERLOS COMPRENSIBLES Y COHERENTES POR MEDIO DEL PENSAMIENTO CREADOR».

en un aparente callejón sin salida mientras trabajaba en su teoría de la relatividad. Había pasado casi un año dándole mil vueltas a una supuesta contradicción física que no sabía cómo resolver. Estancado en un punto muerto, llegó a pensar que aquel misterio era demasiado difícil como para poder resolverlo él mismo.

Sin embargo, durante una visita a su amigo Michele Besso, antiguo compañero de estudios en la Escuela Politécnica de Zúrich y colega en la Oficina de Patentes, arrancó con él un debate sobre el tema. Tras discutir ampliamente sobre el problema, Einstein confesó haberse sentido «inspirado». No es ningún secreto que al explicar algo —lo que sea— a otra persona, ordenamos el pensamiento. Y es que para poner en palabras las ideas, debemos organizarlas y, al hacerlo, podemos ver aspectos y conexiones que antes habían pasado desapercibidas. Y, por si fuera poco, si el diálogo se desarrolla entre apasionados por el tema, el interés se contagia y se potencia. De ahí la inspiración.

Se dio cuenta de esto luego de contarle a Besso sus reflexiones. En la discusión con el ingeniero, las ideas del científico encontraron eco y, así, se amplificaron y reforzaron. Fue gracias a este intercambio, recordó el propio Einstein, que logró interpretar por completo el enigma; cinco semanas después, el principio de la relatividad especial estaba listo.

Hubo ocasiones, sin embargo, donde su capacidad para resolver problemas se vio limitada por las cuatro paredes de su despacho y donde el intercambio con otros científicos no contribuyó con la fluidez de su pensamiento. Pero el físico necesitaba pensar y, con el tiempo, fue descubriendo qué otras actividades estimulaban su imaginación más allá de pensar encerrado entre papeles y fórmulas. Una de ellas era tocar el violín. Incluso improvisar algunas notas en el piano. Antes que una distracción, conectar con la música lo llevaba a un estado de sosiego y tranquilidad que le facilitaba la reflexión desde otro lugar.

No fueron pocas las veces cuando, en plena sonata, se detenía de forma abrupta. Una nueva idea había hecho su aparición de forma totalmente inesperada. La navegación también parecía cumplir esa misma función, depender del viento en lugar de un motor que impulsara el movimiento le daba tiempo para observar la naturaleza y sus fuerzas visibles en los efectos que nos rodean.

Esa intermitencia en la atención a los problemas por resolver podía ser más radical: en ocasiones, al preocuparse por solucionar alguna cuestión, dejaba de trabajar durante días enteros. Se la pasaba paseando, yendo y viniendo por su casa, fumando, soñando y reflexionando. Otras veces, por el contrario, trabajaba sin detenerse hasta extenuarse. Podía estar tan absorto en su trabajo que, a veces, se olvidaba de almorzar.

Einstein tenía distintos acercamientos para su encuentro con el pensamiento y abordaba los problemas de manera dinámica y variada. Incorporó en su práctica de pensamiento los experimentos mentales, el juego libre con conceptos y la intuición —además de la imaginación, la persistencia, la creatividad y la curiosidad— para lograr grandes avances en el mundo del conocimiento. Sabía que la creatividad no llega siempre de la misma forma y por eso variaba los enfoques, los métodos y las experiencias en busca de nuevas ideas. Aunque se refería a las guerras cuando dijo que los problemas que se enfrentan como sociedad no pueden ser resueltos con el mismo pensamiento que se utilizó cuando fueron creados, es posible extrapolar este concepto a distintos ámbitos de la vida. A fin de cuentas, no se puede esperar una respuesta distinta si se actúa siempre de una única manera frente al mismo escenario.

Adentrarse en cómo pensaba el científico fue un desafío atractivo para muchos investigadores de la época. Aunque se dieron algunas luces, nunca se pudo vislumbrar el paisaje por completo. «No estoy seguro si es que existe una manera de realmente entender el milagro del pensamiento», le llegó a decir el propio Einstein al psicólogo Wertheimer, con quien discutió durante largas jornadas en 1916 sobre su proceso mental para dar con la teoría de la relatividad.

La fascinación por el físico y cómo pensaba era tal que, tras su muerte, el patólogo encargado de realizar su autopsia extrajo sin consentimiento su cerebro. Más allá de las cuestionables repercusiones éticas ¿qué escondía el cerebro de un genio? Los resultados no fueron relevantes. Si bien se encontraron algunas características que podrían haber favorecido el pensamiento matemático y espacial, la mayoría de los estudios fueron cuestionados por su falta de rigor. El verdadero genio del científico residía en cómo funcionaba su mente.

Albert Einstein alentó el ejercicio mismo de pensar, al margen de los procesos y las estructuras. Decía que el propósito del pensamiento no es solo resolver problemas y acertijos. En la reflexión, en el razonar —sobre cualquier cosa— uno encuentra una herramienta que permite el desarrollo del talento intelectual que cada quien tiene. Al ejercitarlo, el interés particular se va alejando para dar pie a reflexiones más profundas, sin importar el campo al que se refieran. Nuestros pensamientos nos moldean, influyen en nuestra manera de ser y de llegar a conclusiones, de encontrar atajos para situaciones muy disímiles y, por supuesto, de actuar. Sirve tomarlos en serio, como él recomienda. Mirar más allá de lo evidente puede cosechar frutos tanto adentro como afuera.

Aunque dejó de tocar el violín y ya no podía salir a navegar por su cuenta, el científico nunca hizo a un lado sus reflexiones y su tiempo para pensar.

**«CREO EN INTUICIONES E INSPIRACIONES.... A VECES *SIENTO* QUE ESTOY EN LO CORRECTO. NO *SÉ* SI LO ESTOY».**

E = mc²

**«EL NACIONALISMO ES UNA ENFERMEDAD INFANTIL. ES EL SARAMPIÓN DE LA HUMANIDAD».**

# ¿POR QUÉ LA GUERRA?

## LECCIÓN 13

«Querido profesor Freud: ¿Existe algún medio que permita al hombre librarse de la amenaza de la guerra?». Con esta pregunta arrancaba la carta que, en julio de 1932, le escribió Albert Einstein al reconocido psicoanalista austriaco Sigmund Freud. El Instituto Internacional de Cooperación Intelectual, predecesor de la Unesco, había invitado al físico a formar parte de una serie donde destacados intelectuales de la época intercambiaban correspondencia para discutir de manera abierta sobre cuestiones de interés general. El físico eligió cartearse con Freud y planteó como temática la guerra. Esto no fue ninguna sorpresa: la violencia nazi y fascista empezaba a extenderse por Europa y, aún con el recuerdo fresco de una Primera Guerra Mundial, el debate público ya giraba en torno al tema. Tanto Einstein como Freud eran símbolos intelectuales de su época y estaban vinculados al movimiento pacifista, por lo que un debate al respecto entre ambos prometía captar mucha atención.

En su primera carta, Einstein le planteó a Freud dos grandes ejes temáticos vinculados a la guerra. El primero hablaba sobre la posibilidad de crear una entidad internacional, un tipo de gobierno mundial que estuviera por encima de los intereses nacionales y que tuviera poder para actuar como impartidor de justicia y reparador de conflictos. El científico consideraba —y lo defendió hasta su muerte— que, si bien esta salida obligaba a las naciones a abandonar cierta parte de su soberanía, este era el único camino que conduciría a la seguridad mundial.

El segundo eje que puso sobre la mesa se enfocó en los asuntos de la psique, el individuo y su conducta en sociedad. El físico sostuvo que la única respuesta que encontraba a que las personas se dejaran llevar por el fervor de la guerra —que la mayoría de las veces respondía a los intereses particulares de quienes estaban en el poder y no a los intereses de la población general— se basaba en que «el hombre lleva en sí mismo una necesidad de odio y de destrucción». Un «insensato fervor» era la única explicación que encontraba al estar dispuestos a sacrificar su propia vida.

Einstein buscaba en Freud, a quien llamó el «conocedor de los instintos humanos», una respuesta que tomara en cuenta aquello que mueve desde lo más profundo al ser humano. «¿Existe la posibilidad de dirigir el desarrollo psíquico del hombre de manera que pueda estar mejor armado contra las psicosis de odio y de destrucción?», le preguntó al médico.

**«¿Existe la posibilidad de dirigir el desarrollo psíquico del hombre de manera que pueda estar mejor armado contra las psicosis de odio y de destrucción?»**

Freud coincidía con el físico en que dentro de los seres humanos existe una predisposición al odio y la destrucción, y añadió que el psicoanálisis se había dedicado a investigar este aspecto durante años. Desde esta disciplina, se distinguen en el ser humano dos tipos de instintos o pulsiones: el de conservación, placer, también llamado *eros*, y el de agresión, destrucción, conocido como *pulsión de muerte*. En palabras simples, decía Freud, se trataba del viejo y conocido antagonismo entre el amor y el odio. Eso sí, el médico aclaraba que ninguna de estas dos pulsiones podía calificarse como buena o mala, ya que

«EL INDIVIDUO PUEDE PENSAR, SENTIRSE, ESFORZARSE Y TRABAJAR POR SÍ MISMO; PERO ÉL DEPENDE TANTO DE LA SOCIEDAD —EN SU EXISTENCIA FÍSICA, INTELECTUAL, Y EMOCIONAL— QUE ES IMPOSIBLE CONCEBIRLO, O ENTENDERLO, FUERA DEL MARCO DE LA SOCIEDAD».

todos los fenómenos de la vida se derivan de la actividad entre ambos instintos; si bien son contradictorios, pueden trabajar «en concierto o en oposición».

Ante lo propuesto por Einstein, Freud concluyó que no se puede pretender suprimir las pulsiones destructivas en los seres humanos, pero que se podría promover la pulsión opuesta para contrarrestarlas: el eros. «Todo lo que engendra, entre los hombres, lazos sentimentales debe reaccionar contra la guerra», escribió el psicoanalista. Lo que Freud divisaba como ruta de salida se sostiene en que tanto las relaciones personales provistas de aprecio o amor, así como aquellas provenientes del sentido de pertenencia y la identificación son las que impulsan una visión colectiva. Con esto en mente, Freud señaló que otra forma de trabajar en contra de la guerra sería promover el desarrollo de la cultura.

El científico se mostró de acuerdo con esta afirmación. De hecho, siempre vio en el desarrollo del conocimiento el camino para el progreso de la civilización. Por el contrario, la guerra materializaba lo diametralmente opuesto: la destrucción de los pares contemporáneos, su cultura, el sentido de comunidad y la herencia social. En ese mismo sentido, el respeto a la libertad y la desaparición de las guerras se mostraban como la fórmula correcta para que la humanidad pudiera continuar con su evolución y progreso. Para avanzar y crecer, Einstein sostenía con convicción que la libertad era vital, ya que a través de esta se fomenta la individualidad, necesaria para que las personas produzcan nuevas ideas.

En 1933, en un discurso en el Albert Hall de Londres poco antes de dejar de forma definitiva Europa por las amenazas nazis, el científico hizo una férrea defensa sobre su postura. Sin mencionar específicamente a Alemania, dijo que la libertad estaba empezando a ponerse en riesgo en Europa. Para resistir a quienes amenazaban con eliminar la libertad intelectual e individual, señaló que era necesario «tener en claro lo que está en juego. Sin dicha libertad no habrían existido

Shakespeare ni Goethe ni Newton ni Faraday ni Pasteur ni Lister». Su intención era resaltar que la independencia era un requisito indispensable para dar paso a la creatividad y el conocimiento, pilares fundamentales de la sociedad.

Ya sea por cuenta del nazismo —o el estalinismo y el macartismo que debió enfrentar más adelante— el intento de control sobre las mentes libres fue algo que siempre puso a Einstein en alerta extrema. Cualquier tipo de doctrina que pudiera restringir la libertad de pensamiento, expresión o acción la consideraba peligrosa. Su experiencia educativa lo ayudó a ir formando una opinión al respecto. Pasar de una escuela restrictiva, que limitaba el libre pensamiento, a una que lo promovía fue fundamental en la construcción de su visión del mundo y su actuación en él. Creía que «el desarrollo de la ciencia y de las actividades creativas del espíritu requería una libertad consistente en la independencia del pensamiento con respecto a las restricciones del prejuicio autoritario y social». Para lograrlo, decía, es imprescindible desarrollar un sentido de tolerancia hacia el otro.



Pero ¿qué significaba esto? El científico sostuvo que al tratar con personas de ideas y creencias distintas a las nuestras, era necesario enfocarnos en el otro, en lo que piensa el contrario y comprender sus motivaciones; intentar entender cómo ve el mundo. No basta con tolerar y respetar a quienes nos rodean, sino que debería haber un genuino interés por entender de dónde parten, cómo ven la vida y por qué.

Ser tolerante también es otorgarles libertad a los otros para que desarrollen sus individualidades. Ya decía Einstein que «la estandarización le roba a la vida su sabor». Para el físico, privar a las naciones y grupos étnicos de cultivar sus tradiciones individuales y particulares era como «convertir al mundo en una enorme fábrica Ford. Creo en la estandarización de los automóviles. No creo en la estandarización de los seres humanos», dijo en una entrevista en 1929. Aunque en ese momento se refería a la población judía y defendía el derecho a desarrollar sus tradiciones, su activismo a favor de la libertad individual fue una constante.

**Su experiencia educativa lo ayudó a ir formando una opinión.**

Para cuando el intercambio de cartas entre Einstein y Freud estuvo listo para su publicación por el Instituto Internacional de Cooperación Intelectual, Hitler ya había tomado el poder en Alemania. Pronto el físico y el psicoanalista se verían obligados al exilio. De su correspondencia, que originalmente iba a ser publicada de manera copiosa, solo se editaron dos mil ejemplares; el tema de la paz y la guerra era más controversial que nunca.

Fue precisamente la llegada de Hitler al poder lo que también vulneró el concepto de *pacifismo* que Einstein había mantenido hasta ese momento. Con la oficialización de la Alemania nazi, sus crueles prácticas y la amenaza que representaba para el orden mundial, el físico cambió su enfoque acerca de la no agresión. Durante casi dos décadas había hecho campaña para oponerse al militarismo y promocionar el rechazo al servicio militar obligatorio. Ahora, con la guerra dejando de ser un fantasma, el físico abría una pequeña rendija hacia otras reflexiones. Einstein justificó el armarse y prepararse para pelear como método de defensa frente a una dictadura que era agresiva contra otras democracias. «Para evitar el mal mayor, es necesario que el mal menor —el odiado ejército— sea aceptado por el momento», fue una de las justificaciones que dio sobre su nueva postura.

Su nueva postura fue criticada ampliamente por los pacifistas más radicales, quienes sentían que uno de sus principales voceros —si no es que el principal— había traicionado la causa. La noticia repercutió en el resto del mundo. «Einstein altera sus opiniones pacifistas. Aconseja a los belgas armarse frente a la amenaza de Alemania», rezaba un titular del *New York Times* en septiembre de 1933. El profesor no cedió ante las presiones. Cuando un estudiante pacifista le mandó una carta consultándole por esta nueva postura, él respondió que, por más que lo lamentara, no había otra manera de combatir al poder organizado.

Años más adelante, en 1939, este giro en su forma de pensar llevó a Einstein a escribirle una carta al presidente de los Estados Unidos Franklin D. Roosevelt pidiéndole apoyar los avances para desarrollar la bomba atómica y advirtiéndole sobre los riesgos de que Alemania se apoderara de ella primero.

Cuando en 1953 un pacifista lo cuestionó por su carta a Roosevelt, el profesor respondió que era «un pacifista dedicado, pero no uno absolutista». Einstein se oponía al uso de la fuerza bajo cualquier circunstancia, excepto cuando se trataba de enfrentar a un enemigo que persigue como fin en sí mismo la destrucción de la vida. De todas formas, de 1945 en adelante retomó su activismo a favor de un gobierno supranacional o una institución internacional que fiscalizara y controlara el armamentismo en todo el mundo.

Lo cierto es que, así como Einstein, las situaciones extremas muchas veces nos llevan a cambiar de opinión. Lo que pensamos hoy no tiene por qué necesariamente ser lo mismo que pensaremos mañana. Las circunstancias cambian, los contextos cambian y nosotros también cambiamos. Nos gustaría pensarnos como seres coherentes y que actuamos siempre desde lo correcto. Sus contradicciones, sin embargo, siguen ejerciendo una cierta fascinación. ¿Cómo un pacifista declarado que siempre aborreció la guerra propuso profundizar la investigación para crear armas nucleares? ¿Cómo es posible que alguien que criticó durante décadas el nacionalismo también haya militado por la creación del Estado de Israel? ¿Cómo defendió a capa y espada el concepto de *comunidad*, pero a la vez careció de relaciones familiares estrechas?

Los seres humanos somos una eterna contradicción. Aun si buscáramos a la persona más coherente del planeta y analizáramos su vida, año por año, decisión tras decisión, sin duda encontraríamos algo —una palabra, una acción, una omisión— en la que se contradijo. La coherencia total es una utopía; estamos cargados de luces y sombras, idas y vueltas. Así como Einstein, somos todos una paradoja constante. Cabe observar nuestras convicciones más profundas y no dejar de mirarnos en el espejo del otro, del contrario, del que piensa diferente para, como decía el físico, intentar «ver el mundo a través de sus ojos».

**«NO ES POSIBLE MANTENER LA PAZ USANDO LA FUERZA. SOLO SE PUEDE LOGRAR MEDIANTE LA COMPRENSIÓN».**

E = mc²

**«ES EXTRAÑO CÓMO LA CIENCIA,**
**QUE EN LOS VIEJOS TIEMPOS**
**PARECÍA INOFENSIVA,**
**SE HA CONVERTIDO EN UNA**
**PESADILLA QUE HACE QUE**
**TODOS TIEMBLEN».**

# NO SOY EL MISMO DE AYER

## LECCIÓN 14

Einstein nunca sospechó que al postular la famosa ecuación $E=mc^2$ encontraría una de las llaves que terminarían por abrir el cofre donde estaba oculta la energía nuclear y, con ella, la bomba atómica. Llegaría a arrepentirse de «su gran error» el resto de su vida.

El primer acercamiento del físico con la energía atómica se dio en 1905, en aquel *annus mirabilis* que marcó a la ciencia. Uno de los cuatro trabajos que publicó se llamó «¿Depende la inercia de un cuerpo de su contenido energético?» En el artículo postulaba una relación entre la energía y la masa deducida a partir de la teoría de la relatividad. Todavía no se había llegado a la fórmula $E=mc^2$ que conocemos hoy, pero el concepto era el mismo. Dos años después publicó la ecuación más famosa del siglo XX y se explayó al respecto.

En 1932, en el laboratorio Cavendish de la Universidad de Cambridge, dirigido por el físico neozelandés Ernest Rutherford, los investigadores, que se basaron en el trabajo previo de este, hicieron dos enormes descubrimientos: James Chadwick demostró la existencia del neutrón, y John Cockroft y Ernest Walton dividieron el átomo utilizando un acelerador de alto voltaje. Por estos hallazgos recibirían el Premio Nobel de Física en 1935 y 1951, respectivamente.

En los siguientes años, científicos de distintos países de Europa siguieron experimentando con los neutrones, núcleos atómicos y el uranio. Ya para 1939, los trabajos del italiano Enrico Fermi y el húngaro Leó Szilárd, ambos científicos europeos refugiados en Estados Unidos, hacían intuir que un arma nuclear de gran potencial estaba cerca de ser creada. Una de las claves detrás de esos desarrollos era aquella ecuación descubierta por Einstein décadas atrás.

El creador de la teoría de la relatividad, sin embargo, no sospechaba nada. Durante años, Einstein creyó que sería muy difícil liberar la potencia que su fórmula guardaba o que fuera posible llegar a aprovechar de manera práctica la energía atómica. Para él, las posibilidades de dividir un átomo bombardeándolo era «algo parecido a disparar a los pájaros a oscuras en un lugar donde solo hay unos pocos». Así lo dijo en 1934 durante la reunión anual de la American Association for the Advancement of Science. Pero solo cinco años después, Fermi ya lo había logrado; en la Alemania nazi también habían descubierto la fisión nuclear del uranio.

Einstein no tenía conocimiento de estos avances. Ya desde el inicio de la década de 1930, envuelto por completo en su investigación sobre la *teoría del campo unificado*, el científico se había desinteresado por otras ramas de la física que no estuvieran vinculadas a este trabajo.

**Para él, las posibilidades de dividir un átomo bombardeándolo era «algo parecido a disparar a los pájaros a oscuras en un lugar donde solo hay unos pocos».**

Por eso, cuando en julio de 1939 recibió la inesperada visita de su amigo, el físico Leó Szilárd, en su casa de veraneo en Long Island, intuyó que algo no andaba bien. Sentados en el portal, Szilárd y su acompañante, el físico Eugene Wigner, le explicaron a Einstein cómo, a través de los neutrones liberados en la fisión nuclear, era posible producir una reacción en cadena explosiva

**«MIENTRAS LAS POSIBILIDADES DE UNA GUERRA NO SE DESCARTEN, LOS PAÍSES NO DEJARÁN DE PREPARARSE MILITARMENTE DE LA MANERA MÁS COMPLETA POSIBLE PARA AFRONTARLA CON TODAS LAS PROBABILIDADES DE ÉXITO».**

en una masa de uranio estratificado con grafito. Unos pocos minutos bastaron para que el profesor se diera cuenta de lo que eso implicaba. El poder nuclear podría utilizarse para crear una aterradora bomba con consecuencias nunca vistas. Decidieron que, por su fama e influencia, Einstein escribiría una carta al presidente Roosevelt advirtiéndole sobre esta situación.

En la famosa carta del 2 de agosto de 1939, el premio nobel le explicó a Roosevelt sobre los trabajos vinculados a la reacción nuclear en cadena y cómo este fenómeno conduciría, en un futuro cercano, a la construcción de «bombas de un nuevo tipo extremadamente poderosas». El físico aconsejaba mantener comunicación entre el gobierno y el grupo de científicos que llevaba a cabo esta investigación en Estados Unidos, así como apoyar y fomentar el trabajo de estos profesionales brindándoles facilidades y recursos. Finalmente, también le advirtió sobre la posibilidad de que Alemania ya se estuviera asegurando las reservas de uranio necesarias para el desarrollo de este tipo de bombas.

Cuando el presidente recibió la carta, la Segunda Guerra Mundial ya se había desatado. Aunque Roosevelt respondió y formó un Comité del Uranio, debieron pasar años —y otra carta de Einstein insistiendo sobre la riesgosa situación— para que en efecto se estableciera en 1942 el Proyecto Manhattan, el plan de investigación científica donde se desarrollaron las primeras armas nucleares. Fue allí donde se produjeron las bombas que en 1945 destruyeron Hiroshima y Nagasaki.

Einstein nunca formó parte del Proyecto Manhattan, su relación con el desarrollo nuclear se limitó a la ecuación descubierta cuarenta años antes y al envío de las dos cartas advirtiendo sobre la situación. Sin embargo, fue bautizado como el «padre de la bomba atómica». En 1946, apenas 11 meses después de los bombardeos en Japón, la famosa revista *Time* le dedicó su portada. Dibujaron su rostro al lado de la nube en forma de hongo que se forma tras una explosión nuclear; entre el humo se podía leer $E = mc^2$.

Einstein negó considerarse el padre de la liberación de la energía atómica, dada su participación indirecta como propuesta teórica. El descubrimiento de una reacción en cadena fue accidental y, por esto, la aplicación práctica de la teoría no era algo predecible.

Aún hoy sigue siendo debatible qué tan significativa fue su contribución al desarrollo de la bomba atómica. Quizás una figura más acorde sería la de «abuelo», como lo describe Andrew Robinson en el libro que publicó sobre Einstein. Aún así, Einstein cargaría con la culpa hasta el final de sus días. Calificó el envío de las cartas a Roosevelt como «el gran error» de su vida y en 1947 dijo: «si hubiera sabido que los alemanes no tendrían éxito en producir una bomba atómica, nunca habría levantado un dedo».

Así pues, Banesh Hoffmann, colaborador de Einstein en Princeton, recuerda que al profesor «le oprimió siempre la idea de haber sido él quien dio el primer jalón a la tapa de la caja de Pandora».



Szilárd respaldó el accionar de su amigo y compañero. El físico húngaro señaló que Einstein estuvo «dispuesto a asumir la responsabilidad de hacer sonar la alarma, aunque fuera muy posible que esta resultara ser una falsa alarma». A Einstein no le importó que su reputación estuviera en juego; prevaleció el deseo de impedir que la Alemania nazi aumentara su poder de forma exponencial. «La única cosa a la que realmente temen la mayoría de los científicos es a hacer el ridículo», dijo Szilárd.

El propio Einstein justificó el envío de aquellas cartas porque temió que los alemanes crearan un arma nuclear antes que los aliados y que, con Hitler a la cabeza, tomaran el control del orden mundial. La única salida que se le ocurrió fue que Estados Unidos también contara con este tipo de armamento.

Nadie tiene una bola de cristal para saber cómo será el futuro, ni siquiera Albert Einstein. Lo que decidió en aquella situación particular fue con las herramientas y el conocimiento que poseía en ese momento específico. El científico manifestó más tarde en múltiples ocasiones que, de haber sabido cuál sería el resultado de apoyar la investigación para el desarrollo de la bomba atómica, habría hecho las cosas de otra manera. Leído el diario del lunes, todos apostamos al caballo ganador del domingo.

**El físico dedicó el resto de su vida a luchar por el control de las armas nucleares.**

Más que llorar sobre leche derramada, Einstein convirtió el arrepentimiento por el ayer en acción para el hoy. El físico dedicó el resto de su vida a abogar por una nueva ética política y fundó el Comité de Emergencia de Científicos Atómicos para educar a los estadounidenses sobre los peligros de una guerra nuclear. Fue un ferviente activista a favor de abolir los arsenales nucleares.

Cuando a fines de 1945 debió dar un discurso en la cena de gala del Premio Nobel, recordó cómo el propio inventor de la dinamita creó el galardón para «expiar el hecho de haber inventado el explosivo más potente jamás conocido hasta entonces». Ahora le tocaba a la comunidad científica continuar ese camino en medio del contexto nuclear. «Hoy, los físicos que participaron en la forja del arma más formidable y peligrosa de todos los tiempos se sienten acosados por un sentimiento parecido de responsabilidad, por no decir de culpa», dijo. Para hacerle frente, correspondía a los científicos alzar la voz con claridad. También hizo un llamado a los políticos pidiéndoles un cambio radical de mirada y conducta; era necesario «abandonar la competencia y asegurar la cooperación», exhortó.

Quizá Einstein asumió esta causa para aliviar la culpa. Cuando se desató la Guerra Fría y, con ella, la amenaza de una bomba de hidrógeno de consecuencias aún más mortíferas que la atómica, el activismo del físico se hizo todavía más férreo. Incluso ya internado en el hospital trabajó hasta el último día de su vida a favor del desarme y de la cooperación científica. Así pues, una semana antes de morir, firmó el que sería conocido como el «Manifiesto Russell–Einstein», un documento redactado por Bertrand Rusell que salió a la luz casi tres meses después de su muerte y que instaba a los científicos de ambos lados de la cortina de hierro a buscar soluciones frente al crítico contexto. El movimiento Pugwash —llamado así por el pueblo canadiense donde se sostuvo la primera conferencia de científicos a favor del desarme nuclear— fue una consecuencia directa de esta iniciativa que incluyó la firma del Tratado de No Proliferación Nuclear. Einstein no vivió para verlo. Pero así como, sin saberlo, plantó la semilla para liberar la energía atómica, también sembró de forma consciente otra para germinar la paz.

No en vano, tras su muerte, el presidente de los Estados Unidos, Dwight D. Eisenhower, resaltó ese sentido de responsabilidad que el físico exigió a las autoridades con respecto al manejo del poder, dadas las letales consecuencias de ejercerlo sin sabiduría.



Al idear la fórmula $E = mc^2$, Einstein empujó los límites del conocimiento sin saber con exactitud con qué iba a encontrarse después. Luego, al escribirle a Roosevelt jugó sus cartas sin conocer quién terminaría ganando la partida. ¿Hizo bien o mal? La respuesta está en manos del tiempo. Por eso medir las acciones del ayer con la vara del hoy parece injusto. Lo mismo sucede al juzgar a los personajes históricos desde una perspectiva actual y contemporánea. Queramos o no, todos somos hijos de nuestro tiempo. Observar la realidad desde una perspectiva histórica nos permite comparar el hoy con el ayer, y analizar las decisiones y su impacto. Einstein se tiró al agua, asumió las consecuencias y pasó el resto de sus días remando a favor de un uso ético y humanitario del poder, la ciencia y la tecnología. El tiempo fue, es y será siempre el juez final.

**«EL PODER DESENCADENADO DEL ÁTOMO LO HA CAMBIADO TODO EXCEPTO NUESTROS MODOS DE PENSAR Y, POR CONSIGUIENTE, NOS DIRIGIMOS HACIA UNA CATÁSTROFE SIN PRECEDENTES».**

**«NOSOTROS, CIENTÍFICOS QUE LIBERAMOS ESTE INMENSO PODER, TENEMOS UNA ENORME RESPONSABILIDAD EN ESTA LUCHA MUNDIAL DE VIDA Y MUERTE, PARA DOMINAR EL ÁTOMO EN BENEFICIO DE LA HUMANIDAD Y NO PARA SU DESTRUCCIÓN».**

E = mc²

**«LA IDEA DE UN DIOS PERSONAL ME RESULTA BASTANTE AJENA Y ME PARECE HASTA INGENUA».**

# DIVINA NATURALEZA

## LECCIÓN 15

Cuando Einstein tenía unos 9 años se convirtió en judío practicante. A pesar de que venía de una familia totalmente secular, el pequeño no comía cerdo, observaba los feriados religiosos y hasta componía cánticos alabando a Dios. Esa profunda religiosidad, sin embargo, le duró poco; la ciencia fue su verdugo. A los 12, cuando su consumo de libros científicos aumentó, Albert cayó en cuenta de que la mayoría de las historias de la Biblia no podía ser cierta. Su fe dogmática tuvo un final abrupto, pero años más tarde daría paso a una espiritualidad donde lo divino se reflejaría en su admiración por la perfección de la naturaleza y el misterio del cosmos.

Entonces, ¿creía Einstein en Dios? Esta pregunta se la formularon muchas veces y obtener un «sí» o un «no» fue casi tan difícil como lograr que explicara la teoría de la relatividad en un párrafo breve. Einstein creía en la existencia de la divinidad, sí, pero a través de una visión conocida como *religión cósmica*. En ella, la espiritualidad se basa en la reverencia y asombro hacia el universo y sus misterios. El científico veía a Dios no como un ser antropomorfo que se inmiscuye en las idas y venidas cotidianas de los seres humanos, sino como una fuerza superior responsable de la armonía y perfección de todo lo que existe.

Einstein señalaba que la cuestión de Dios era demasiado amplia para que nuestras «mentes limitadas» pudieran comprenderla. Para explicarlo de forma más sencilla, le gustaba usar una metáfora. Decía él que era como si un niño pequeño entrara en una gigantesca biblioteca repleta de libros escritos en incontables idiomas. Allí, aunque el niño no entiende ninguna de las lenguas, es consciente de que alguien debe haber escrito todos esos libros, pero no sabe cómo. El pequeño también intuye que hay un orden misterioso en la manera en la que están dispuestos los libros, pero tampoco puede descifrar cuál es. Esa, decía el científico, es la actitud que debería tener el ser humano ante Dios. «Vemos que el universo está maravillosamente dispuesto y que obedece a ciertas leyes, pero solo comprendemos esas leyes vagamente», respondió ante la eterna pregunta sobre sus creencias religiosas.

Durante una temporada de veraneo en su casa de Caputh, Einstein escribió uno de sus artículos más populares de carácter no científico. En él explicaba su visión del mundo donde daba a conocer lo que pensaba acerca de cuestiones tan diversas como la educación, el militarismo y, por supuesto, la religión. Allí, en ese pueblito alemán al borde de un lago, el físico pasó meses disfrutando de tres de las actividades que más propósito le otorgaban a su vida: sus reflexiones, la navegación y la música. ¿Habrá sentido ahí con mayor intensidad esa conexión con la naturaleza? No es extraño que en momentos como esos aflore un sentimiento de plenitud en el que uno se siente parte de algo más grande; un todo al que, aunque no llegamos a comprenderlo por completo, nos sabemos unidos.

**Einstein creía en la existencia de la divinidad, sí, pero a través de una visión conocida como *religión cósmica.***

Ese verano de 1930 el físico fue muy abierto al respecto de su visión sobre la religión cósmica, aquella donde la profunda capacidad de asombro ante los misterios de la naturaleza conecta ciencia y espiritualidad.

**«LO QUE VEO EN LA NATURALEZA ES UNA ESTRUCTURA MAGNÍFICA QUE SOLO PODEMOS COMPRENDER MUY IMPERFECTAMENTE, Y ESO DEBE LLENAR A UNA PERSONA PENSANTE CON UN SENTIMIENTO DE HUMILDAD. ESTE ES UN SENTIMIENTO GENUINAMENTE RELIGIOSO QUE NADA TIENE QUE VER CON EL MISTICISMO».**

«La certeza de que existe algo que no podemos alcanzar, nuestra percepción de la razón más profunda y la belleza más deslumbradora, a las que nuestras mentes solo pueden acceder en sus formas más toscas [...] son esta certeza y esta emoción las que constituyen la auténtica religiosidad. En este sentido, y solo en este, es en el que soy un hombre profundamente religioso», escribió.

Aunque sus visiones religiosas las hizo públicas en las últimas décadas de su vida, Einstein se vio influenciado por una serie de filósofos desde su adolescencia. Fue el neerlandés Baruch Spinoza quien marcó de manera especial su mirada espiritual. En el siglo XVII, Spinoza rechazaba la idea de un Dios con cualidades humanas y lo identificaba con la naturaleza y la realidad misma. Para el controvertido filósofo —que en su época fue tachado de hereje y expulsado de la comunidad judía de Ámsterdam—, la ética y la búsqueda del conocimiento son los caminos que nos acercan, a través de la razón y la moral, a lo divino, ya que Dios y la naturaleza son lo mismo. Mientras más conozcamos de la naturaleza, más cerca estaremos de Dios.

Einstein aborrecía cuando utilizaban su postura sobre la religión cósmica y el determinismo para justificar la no existencia de Dios. Él se consideraba agnóstico, y sostenía que para ser consciente de la importancia que tienen los principios morales no es necesaria la intermediación de un juez que dé recompensas o castigue.

La transparencia con la que hablaba sobre su espiritualidad generó polémica entre las comunidades más tradicionales. Su visión sobre la religión cósmica y sus teorías de la relatividad fueron atacadas de «ateísmo velado». A raíz de una controversia con el cardenal de Boston en 1929, un rabino ortodoxo le envió un telegrama al físico preguntándole: «¿Cree usted en Dios? *Stop*. Respuesta pagada. 50 palabras». Einstein no necesitó ni dos tercios del espacio ofrecido para dar su punto de vista: «Creo en el Dios de Spinoza, que se revela en la armonía de todo lo que existe, no en un Dios que se preocupa por el destino y las acciones de los seres humanos», respondió.

A diferencia de lo que muchos podrían considerar, esta postura es la que permitió que un hombre abiertamente racional, como Einstein, pudiera compaginar la existencia simultánea de ciencia y religión. Bien entendidas, sostenía él, estas no se enfrentan, sino que se complementan. La ciencia es el pensamiento metódico que busca reconstruir en conceptos todo lo relacionado con la existencia de este mundo. La religión, por otro lado, aborda la actitud del ser humano hacia la naturaleza al establecer ideales para la vida individual y comunitaria. En ese sentido, el físico decía que «la ciencia solo puede afirmar que *es*, pero no lo que *debería ser*, y fuera de su campo siguen siendo necesarios juicios de valor de todo tipo. La religión, por otra parte, aborda solo valoraciones de pensamientos y acciones humanas: no puede hablar, justificadamente, de datos y relaciones entre datos».

Al valorar el aporte de las religiones tradicionales, Einstein sostuvo que, más allá de los conceptos divinos, la tradición judeocristiana proporciona principios que pueden convertirse en directrices. Si se les quitara el matiz dogmático y nos centráramos solo en el aspecto humano, decía él, el judeocristianismo nos empuja a algo parecido al «desarrollo libre y responsable del individuo, de modo que pueda poner sus cualidades, libre y alegremente, al servicio de toda la humanidad». Estos principios comulgan con lo que el científico defendía como objetivos de la existencia del ser humano. Incluso llegó a decir, al momento de analizar el judaísmo en una columna de opinión de 1932, que la tradición judía identifica «servir a Dios» con «servir a los seres vivos».

En ese aspecto, el premio nobel se enfocó en la sustancia más que en la forma. También en esa línea sostuvo que, si uno mira los fundamentos originales del cristianismo y sus profetas y los despoja de las adiciones posteriores, la ruta ofrece distancia de todos los males sociales que aquejan a la humanidad. Si pensamos en una comunidad que no promueve la falsedad, la difamación, el fraude, el robo ni el asesinato, entre muchas otras cosas, el camino para la salud y vitalidad del individuo y la colectividad parece marcado.

Ahora bien, aunque para Einstein ciencia y religión bien entendidas podían convivir en armonía una con la otra, es cierto que los conflictos entre ambas surgen constantemente. El científico decía que esto se da por una concepción errónea de lo que atañe a cada una y el conflicto se desata cuando, tanto religión como ciencia, se inmiscuyen en el campo de la otra. Esto se evidencia, por ejemplo, cuando una comunidad religiosa toma por veraces y absolutas todas las afirmaciones que aparecen en la Biblia; o también cuando las personas de ciencia se basan en el método científico para llegar a posturas fundamentales sobre la moral y los valores. Para él, la religión y la ciencia se necesitan mutuamente: «La ciencia sin religión está coja, la religión sin ciencia, ciega», sostuvo.

Existía algo, no obstante, donde religión y ciencia no podían estar de acuerdo. Esto era la idea de un Dios antropomorfo que determina cada acción de las personas y que intercede por ellos según las plegarias que reciba. Einstein era un *determinista* y esta idea de un Dios personal no era compatible con las leyes de la causalidad universal. Bajo este principio filosófico y científico, la realidad está regida por una cadena ininterrumpida de causa y efecto: todo acontecimiento es el resultado de eventos o estados concatenados que, de manera inevitable, dan un resultado específico. Entonces, si los científicos aspiran a determinar cuáles son esas leyes inmutables que gobiernan la realidad, es imposible considerar un Dios que, ante una súplica o un rezo, modifica esa relación causa-efecto.

El determinismo de Einstein calaba hondo en él. «Todo está determinado, tanto el principio como el final, por fuerzas sobre las que no tenemos ningún control. Está determinado para el insecto tanto como para la estrella. Los seres humanos, los vegetales o el polvo cósmico; todos danzamos a un misterioso son, interpretado desde lejos por un músico invisible», señaló en una entrevista de 1929.

Este determinismo férreo suponía, sin embargo, un conflicto con el libre albedrío. Si ya todo está determinado, ¿cómo responsabilizar al individuo por los actos que cometa? ¿Acaso sus acciones y decisiones no escapan a su control en ese entendido? Para hacerle frente a esta situación, decía el científico, estaba la ilusión del libre albedrío. Aunque filosóficamente no creía en su existencia, en el día a día era necesario tenerla en cuenta, ya que las personas deben hacerse responsables por el bien o el mal que ocasionan y así lograr vivir en sociedad.

Aunque es cierto que el determinismo clásico ha sido desafiado en las últimas décadas por los descubrimientos de la física moderna, como la física cuántica, aún en el contexto contemporáneo mantiene su relevancia. Lo mismo sucede, y aun en mayor medida, con la religión cósmica. La conciencia de la interconexión de todas las cosas y una ética basada en la razón y la empatía son corrientes que resuenan con fuerza actualmente.

Para comenzar, el emocionarse ante las maravillas del cosmos que poco a poco son reveladas por la ciencia es un sentimiento universal donde creyentes y no creyentes conectamos. ¿No fue una instancia de comunión —común-unión— cuando millones de personas siguieron la transmisión de la llegada del hombre a la Luna? ¿Acaso el encanto desatado por la primera fotografía de un agujero negro no generó que se compartiera millones de veces por todo el mundo? Somos apenas una minúscula parte de una realidad inconmensurable pero conectada. La contemplación de esa naturaleza otorga respuestas a quienes buscan nuevos caminos de espiritualidad fuera de los dogmas.

Finalmente, la discusión sobre el libre albedrío sigue vigente a la luz de los descubrimientos de la psicología y la neurociencia, y cómo factores determinantes como la genética, el entorno y las experiencias influyen en nosotros. El debate sobre la responsabilidad moral va para largo.

Lo que pensó Einstein —y siglos antes de él otros filósofos como Kant, Hume, Schopenhauer y Spinoza— todavía puede inspirar nuestra reflexión hoy. ¿Cómo influye en nuestra vida este sabernos parte de un todo tan grande, tan complejo y tan perfecto? Nuestra comprensión del universo y del comportamiento humano aún está en pañales. Sigamos pensando y ensayando rutas. Y, como dijo el físico, la naturaleza nos muestra solo la cola del león y, como si fuéramos un piojo sentado sobre él, solo nos permite ver una pequeña parte de toda su inmensidad.

**«TODO AQUEL INVOLUCRADO SERIAMENTE EN LA BÚSQUEDA DE LA CIENCIA SE CONVENCE DE QUE UN ESPÍRITU SE MANIFIESTA EN LAS LEYES DEL UNIVERSO».**

$E = mc^2$

# 02

# CRONOLOGÍA

## 1879

**14 DE MARZO:** nace Albert Einstein en Ulm, Alemania.

## 1896

Renuncia a la nacionalidad alemana.

## 1900

Se gradúa de la Escuela Politécnica de Zúrich como maestro especializado en Física y Matemáticas.

Sigmund Freud publica *La interpretación de los sueños.*

## 1901

Obtiene la nacionalidad suiza.

Publica su primer artículo científico en *Annalen der Physik* titulado «Conclusiones extraídas de los fenómenos de capilaridad».

## 1902

**ENERO:** nace su hija Lieserl, fruto de su relación con Mileva Maric.

Consigue trabajo técnico en la Oficina de Patentes de Berna.

## 1903

**6 DE ENERO:** contrae matrimonio con Mileva Maric.

## 1904

**4 DE MAYO:** nace su hijo, Hans Albert, en Berna, Suiza.

## 1905

Llamado el *Annus mirabilis* de Einstein por su fructífera producción científica al publicar cuatro trabajos en la revista *Annalen der Physik*.

**1912**

Es nombrado profesor en la Escuela Politécnica Federal de Zúrich, su *alma mater*.

**1909**

Es nombrado profesor en la Universidad de Zúrich.

**1911**

Se muda a República Checa tras ser nombrado profesor en la Universidad de Praga.

**1910**

**28 DE JULIO:** nace en Zúrich su segundo hijo, Eduard.

**1907**

**6 DE JULIO:** nace Frida Kahlo en Coyoacán, México.

## 1913

Es nombrado miembro de la Academia de Ciencias de Prusia y obtiene la nacionalidad alemana por segunda vez.

## 1914

Se muda a Berlín con su familia, donde acepta un puesto como catedrático en la Universidad de Berlín.

Se separa de Mileva Maric, quien junto con sus dos hijos vuelve a Zúrich.

**28 DE JULIO:** inicia la Primera Guerra Mundial.

## 1916

**25 DE NOVIEMBRE:** publica su artículo «Los fundamentos de la teoría de la relatividad general» en la revista *Annalen der Physik*.

## 1918

**11 DE NOVIEMBRE:** termina la Primera Guerra Mundial.

## 1919

Albert Einstein y Mileva Maric se divorcian.

**2 DE JUNIO:** Albert se casa en segundas nupcias con su prima Elsa.

**6 DE NOVIEMBRE:** se anuncia la confirmación de la teoría de la relatividad general.

## 1921

Einstein viaja a Estados Unidos. Recorre Nueva York, Washington, Boston y Chicago.

## 1922

Recibe el Premio Nobel de Física correspondiente a 1921, por sus investigaciones sobre el efecto fotoeléctrico.

Visita Francia, China, Japón, Palestina (hoy Israel) y España.

## 1925

De gira por Sudamérica. Visita Argentina, Brasil y Uruguay.

## 1927

Se reúne con Sigmund Freud en Berlín.

**21 DE ABRIL:** nace en Londres, Inglaterra, Isabel, Princesa de York, posteriormente coronada reina Isabel II del Reino Unido.

## 1933

**7 DE OCTUBRE:** se muda a Estados Unidos.

**30 DE ENERO:** Hitler llega al poder en Alemania al ser nombrado canciller y, semanas después, empieza con las primeras acciones antisemitas oficialmente.

## 1936

**20 DE DICIEMBRE:** muere en Princeton Elsa Einstein, su segunda esposa.

## 1939

**2 DE AGOSTO:** envía una carta al presidente F. D. Roosevelt poniéndolo al corriente sobre el desarrollo de la bomba atómica.

**1 DE SEPTIEMBRE:** inicia la Segunda Guerra Mundial.

**23 DE SEPTIEMBRE:** muere Sigmund Freud, padre del psicoanálisis.

## 1940

**1 DE OCTUBRE:** adopta la nacionalidad estadounidense.

## 1945

**6 Y 9 DE AGOSTO:** bombas atómicas destruyen las ciudades japonesas de Hiroshima y Nagasaki.

**2 DE SEPTIEMBRE:** termina la Segunda Guerra Mundial.

## 1946

Asume la presidencia del Comité de Emergencia de Científicos Atómicos cuyo objetivo es evitar una guerra mundial nuclear.

Muere, en Zúrich, Mileva Maric, su primera esposa.

## 1954

Einstein enferma gravemente; es diagnosticado con insuficiencia hepática, anemia y astenia.

**13 DE JULIO:** muere Frida Kahlo en Coyoacán, México.

## 1955

**18 DE ABRIL:** muere Albert Einstein a los 76 años, debido a la ruptura de un aneurisma abdominal.

La lista de obras indicadas es tan solo una fracción de su producción total que abarca una extensa colección de cartas, prólogos, discursos, memorias y cátedras.

# FUENTES


Bucky, T. L. y Blank, J. P. (1964). «Einstein: An Intimate Memoir», en *Harper's Magazine,* septiempre.

Calaprice A. (ed.) (2011). *The Ultimate quotable Einstein,* Nueva Jersey, Princeton University Press.

Dukas, H. y Hoffmann, B. (eds.). (1979). *Albert Einstein, the human side. Glimpses from his archives*, Nueva Jersey, Princeton University Press.

«Einstein alters his pacifist views». (1933). *The New York Times,* 10 de septiembre.

Einstein, A. (1949). «Notes for an Autobiography», en *The Saturday Review of Literature,* 26 de noviembre.

Einstein, A. (1981). *Este es mi pueblo,* Argentina, Leviatán.

Einstein, A. (1987). *The Early Years, 1879-1902* (English translation supplement), en *The Collected Papers of Albert Einstein, volumen 1.* Recuperado de einsteinpapers.press.princeton.edu/vol1-trans/4

Einstein, A. (1987). *The Berlin Years: Correspondence May-December 1920 / Supplementary Correspondence 1909-1920,* en *The collected papers of Albert Einstein, volumen 10.* Recuperado de einsteinpapers.press.princeton.edu/vol10-doc/489

Einstein, A. (1987). *The Berlin Years: Writings & Correspondence, June 1927-May 1929* (English translation supplement), en *The collected papers of Albert Einstein, volumen 16.* Recuperado de einsteinpapers.press.princeton.edu/vol16-trans/196

Einstein, A. (2010). *¿Por qué el socialismo?,* Fundación editorial El perro y la rana.

Einstein, A. (2011). *Mis ideas y opiniones*, Barcelona, Antoni Bosch.

Einstein, A. (2013). *Mi visión del mundo,* España, Tusquets.

Einstein, A. e Infeld, L. (1986). *La evolución de la física*, Barcelona, Salvat.

El Correo de la Unesco. *¿Por qué la guerra? Carta de Albert Einstein a Sigmund Freud*. Recuperado de courier.unesco.org/es/articles/por-que-la-guerra-carta-de-albert-einstein-sigmund-freud

El Correo de la Unesco. *¿Por qué la guerra? Sigmund Freud escribe a Albert Einstein*. Recuperado de courier.unesco.org/es/articles/por-que-la-guerra-sigmund-freud-escribe-albert-einstein

Hawking, S. (2018). *Brief Answers to the Big Questions*, Bantam Books.

Hoffmann, B. (1987). *Einstein*, España, Salvat.

Holton, G. (1996). *Einstein, History and Other passions: the rebellion against science at the end of the twentieth century*. EE. UU., Harvard University Press.

Iconic. (2010). George Bernard Shaw giving a Speech, at a dinner in honor of Albert Einstein [archivo de video], 10 de diciembre.

Isaacson, W. (2012). *Einstein, su vida y su universo*, España, Debolsillo.

Jerome, F. y Taylor, R. (2005). *Einstein on Race and Racism*. EE. UU., Rutgers University Press.

National Park Services. New Jersey. (2024). *The Edison Test*, 8 de mayo. Recuperado de nps.gov/edis/learn/education/the-edison-test.htm

Petroski, H. (2024). «Annus mirabilis», en *American Scientist*, 30 de abril. Recuperado de americanscientist.org/article/annus-mirabilis

Robinson, A. (2015). *Einstein. A Hundred Years of Relativity*. EE. UU., Palazzo.

Sánchez Ron, J. M. (2015). *Albert Einstein. Su vida, su obra y su mundo*, España, Fundación BBVA – Editorial Planeta.

Viereck, G. (1929). «What Life Means to Einstein», *The Saturday Evening Post*, 26 de octubre.

Wheeler, A. (1980). *Albert Einstein. 1879-1955. A Biographical Memoir*. EE. UU., National Academy of Sciences.

Wertheimer, M. (2019). *Productive Thinking*, Suiza, Birkhäuser.